Carlos Renato Borges dos Santos

Fundamentos de projetos eletrônicos envolvendo o ESP32 e ESP32 LoRa

EDITORA CIÊNCIA MODERNA

Fundamentos de projetos eletrônicos envolvendo o ESP32 e ESP32 LoRa Utilizando o Arduino IDE

Editor: Paulo André P. Marques
Produção Editorial: Dilene Sandes Pessanha
Capa: Daniel Jara
Copidesque: Equipe Ciência Moderna

FICHA CATALOGRÁFICA

SANTOS, Carlos Renato Borges dos.

Fundamentos de projetos eletrônicos envolvendo o ESP32 e ESP32 LoRa Utilizando o Arduino IDE

Rio de Janeiro: Editora Ciência Moderna Ltda., 2021.

1. Engenharia Elétrica

ISBN: 978-65-5842-092-7 CDD 621.3

Editora Ciência Moderna Ltda.
R. Alice Figueiredo, 46 – Riachuelo
Rio de Janeiro, RJ – Brasil CEP: 20.950-150
Tel: (21) 2201-6662/ Fax: (21) 2201-6896
E-MAIL: LCM@LCM.COM.BR
WWW.LCM.COM.BR

08/21

"Portanto dele, por Ele e para
Ele sao todas as coisas.
A Ele seja a gloria
perpetuamente! Amem."
(Romanos, 11:36)

SOBRE O AUTOR

Carlos Renato Borges dos Santos, engenheiro eletricista pela Universidade Federal de Goiás (2003), mestre em engenharia elétrica e de computação pela mesma instituição (2005) e doutor em engenharia agrícola pela Universidade Federal de Lavras (2017). Foi bolsista da CAPES no doutorado-sanduíche pela Université de Versailles Saint-Quentin-en-Yvelines (UVSQ), de 2015 a 2016. Atua na área de microcontroladores há 20 anos, desenvolvendo projetos didáticos com microcontroladores da família 8051 e PIC. Trabalha com Arduino desde 2012. Foi professor das Faculdades Objetivo de 2006 a 2009, da Pontífica Universidade Católica de Goiás (PUC-GO), em 2007 e instrutor do SENAI-GO de 2008 a 2009. De 2009 a 2020 foi professor do Instituto Federal Minas Gerais (Campus Formiga). Atualmente é professor do Instituto Federal do Triângulo Mineiro (IFTM Campus Paracatu), atuando nas áreas: Eletrônica Analógica, Eletrônica Digital, Eletrônica de Potência e Microcontroladores. É autor do livro **Fundamentos de projetos eletrônicos envolvendo o Arduino - Teoria Digital**.

PREFÁCIO

ESTA obra é voltada para projetistas, alunos de cursos técnicos em eletrônica, automação, eletrotécnica ou de graduação em engenharia elétrica, eletrônica, ou áreas afins, que já tenham algum contato com o Arduino e que desejam desenvolver projetos com ESP32 ou ESP32 LoRa, utilizando o Arduino IDE.

O IDE (*Integrated Development Environment*) é um software gratuito e aberto à instalação de outras placas de prototipação, tais como o ESP32, permitindo aos projetistas que já trabalham com Arduino poderem migrar para essas novas plataformas de prototipação, aproveitando seus conhecimentos sobre o Arduino IDE.

Neste livro vamos apresentar os conhecimentos necessários para desenvolver projetos com essas placas de prototipação. Para isso, são recomendados os conhecimentos abordados no livro **Fundamentos de Projetos Eletrônicos Envolvendo o Arduino - Teoria Digital**, que aborda conceitos básicos sobre microcontroladores, necessários neste estudo. Com base nessas informações, esta obra é voltada para um público que já possua conhecimentos básicos ou intermediários em Arduino, não sendo recomendado para iniciantes. Caso ainda não tenha experiência, recomendamos que inicie seus estudos com o Arduino antes de estudar as placas abordadas nesta obra.

O objetivo central deste livro é fornecer material bibliográfico na língua Portuguesa sobre o ESP32 e ESP32 LoRa, que ainda carecem de fontes para os projetistas que estão iniciando os estudos sobre essas placas de prototipação.

Dividimos esta obra em seis partes, resumidas a seguir.

Na primeira, é realizada uma abordagem sobre como instalar o ESP32 no IDE, uma vez que esse ambiente de desenvolvimento é um dos mais conhecidos por desenvolvedores de projetos eletrônicos. São introduzidos temas básicos sobre o sistema operacional *FreeRTOS*, multitarefas e noções sobre programação paralela.

Na segunda parte abordamos o ESP32, servindo também como material para o ESP32 LoRa. São detalhados temas como pinos de I/O, PWM, ADC, DAC, *bluetooth*, modo *sleep*, sensor *hall*, interrupções e temporizadores.

Na terceira parte mostramos um dos grandes diferenciais dessas placas, que é a conectividade sem fio. Iniciamos com o ESP32 LoRa, capaz de realizar comunicações a distâncias da ordem de quilômetros por meio do seu rádio LoRa. Também é mostrada uma das mais importantes funções do ESP32, que é a conectividade com a internet. Para isso, é introduzido o protocolo MQTT, que é um dos mais adequados para as placas estudadas. Outro tema interessante é o protocolo ESP-NOW, que pode criar uma pequena rede com duas ou mais placas ESP32.

Na quarta parte deste livro apresentamos as funções do display OLED, elemento que faz parte do ESP32 LoRa e que também pode ser acoplado a um ESP32.

Na quinta parte são mostradas telas de exemplos para o display OLED, podendo ser utilizadas em projetos que exijam a apresentação de dados por esse display.

Na sexta parte apresentamos as respostas dos problemas propostos.

Sumário

III Comunicação sem fio

IV O display OLED

Introdução

1 Placas da Espressif

A **Espressif** possui alguns microcontroladores que podem ser programados pelo IDE do Arduino, bastando a instalação de bibliotecas de suas placas. Em razão disso, desenvolvemos este capítulo para que você possa utilizar o conhecimento adquirido neste livro para desenvolver projetos utilizando placas de prototipação de maior capacidade de processamento do que o Arduino.

As principais placas comercializadas pela **Espressif** são o ESP8266 e o ESP32. A Tabela 1.1 mostra suas principais características.

Tabela 1.1: Comparação entre ESP8266 e ESP32.

	ESP8266	**ESP32**
MCU	Xtensa Single-core 32-bit L106	Xtensa Dual-Core 32-bit LX6 com 600 DMIPS
802.11 b/g/n Wi-Fi	HT20	HT40
Bluetooth	—	Bluetooth 4.2 e BLE (Bluetooth de baixa energia)
Typical Frequency	80 MHz	160 MHz
SRAM	—	✓
Flash	—	✓
GPIO	17	36
Hardware /Software PWM	None / 8 canais	None / 16 canais
SPI/I2C/I2S/UART	2/1/2/2	4/2/2/2
ADC	10 bits	12 bits
DAC	—	2 canais de 8 bits
CAN	—	✓
Interface Ethernet MAC	—	✓
Sensor de Toque	—	✓
Sensor de Temperatura	—	✓
Sensor de efeito Hall	—	✓
Temperatura de trabalho	-40ºC a 125ºC	-40ºC a 125ºC
Preço	3 a 6 dólares	6 a 12 dólares

1.1. Instalação no Arduino IDE

A instalação das placas do ESP8266 e do ESP32 no IDE é realizada seguindo-se poucos passos. A Figura 1.1 mostra o caminho: **Arquivo - Preferências**.

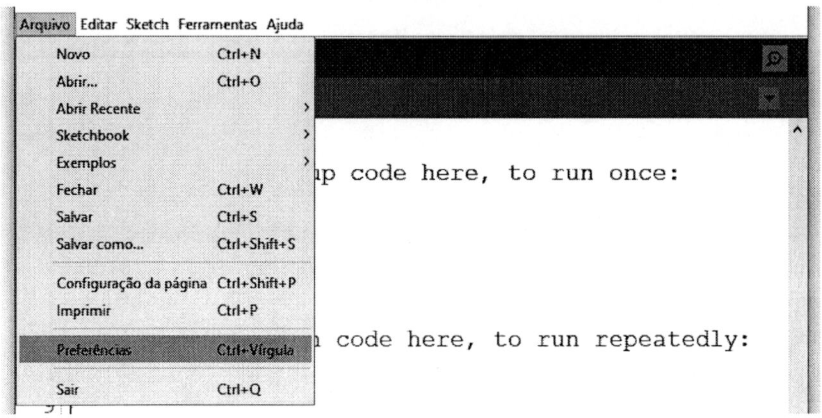

Figura 1.1: Abrindo a janela de *Preferências*.

Ao clicar em **Preferências**, aparecerá a janela da Figura 1.2. No campo *URLs Adicionais para Gerenciadores de Placas*, copie o endereço a seguir: https://dl.espressif.com/dl/package_esp32_index.json

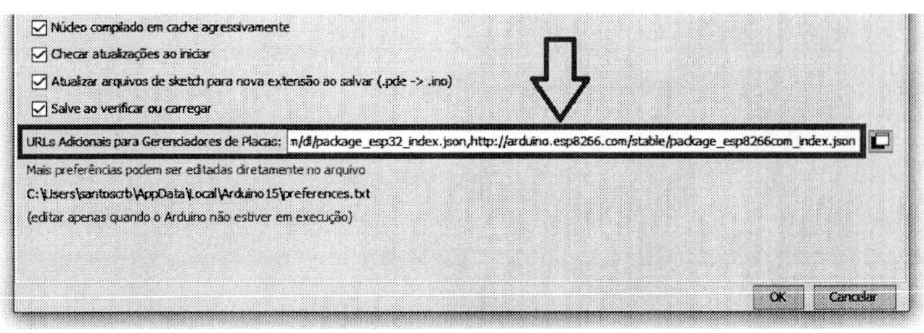

Figura 1.2: URLs adicionais para gerenciadores de placas.

1.1.1 O Gerenciador de Placas

A instalação de uma placa no Arduino IDE pode ser realizada após inserir a URL do ESP32. Clique em **Ferramentas - Placa - Gerenciador de Placas**, visto na Figura 1.3.

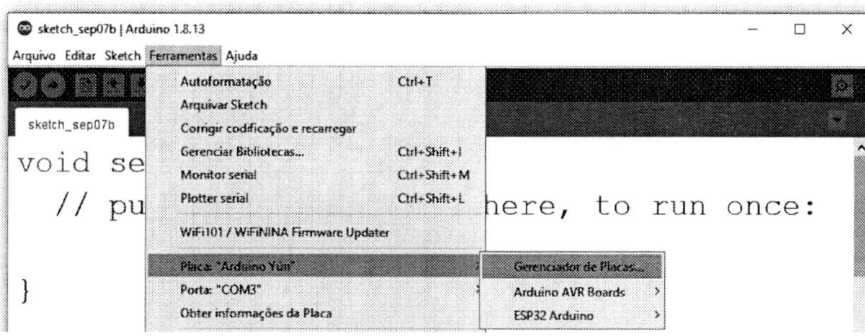

Figura 1.3: Abrindo o Gerenciador de placas.

Ao seguir o procedimento descrito, aparecerá a janela **Gerenciador de placas**. No campo de texto, digite *esp32*, como mostrado na Figura 1.4, instalando-a.

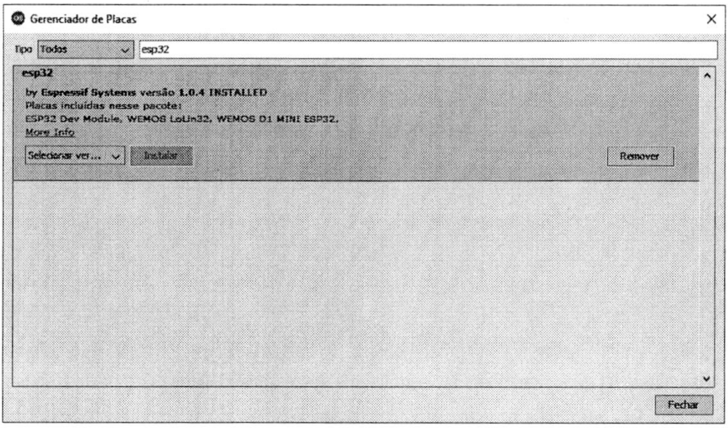

Figura 1.4: Instalando a placa ESP32.

1.2. Adicionando abas no IDE

PODEMOS organizar um pouco melhor o *sketch* por meio da criação de abas no IDE. Por exemplo, cada *task* pode ser escrita numa aba separada, como o exemplo da Figura 1.5. Para criar nova aba, basta clicar no botão indicado. Após esse procedimento, clique em **Nova Aba**, aparecendo um campo para digitar o nome da nova aba.

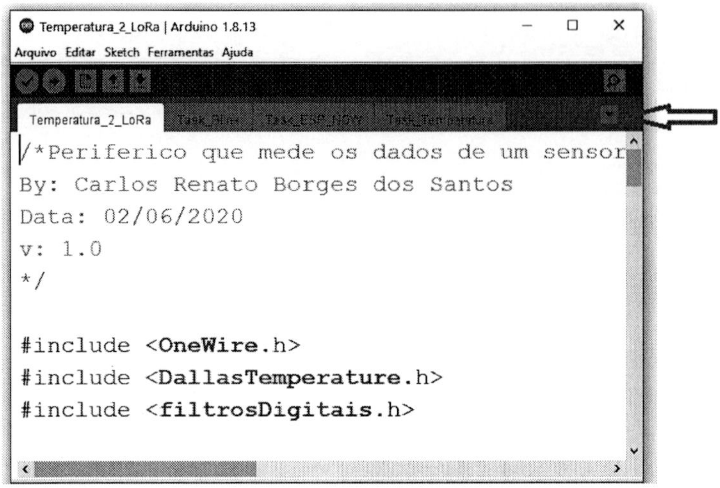

Figura 1.5: Utilizando abas para organizar o projeto.

1.3. Sistema Operacional

Um sistema operacional é um programa (ou conjunto de programas) que tem duas funções principais.

- criar uma interface entre a aplicação de usuário e o hardware;
- gerenciar os recursos de hardware.

Um programador, por melhor que seja, ao desenvolver um projeto utilizando algum dispositivo programável, gastará um enorme tempo para projetar um imenso programa que se preocupe com tarefas que podem ser executadas por um sistema operacional. Por ser um programa, o sistema operacional também requer recursos, como memória FLASH e RAM. Por outro lado, oferece vantagens, permitindo um uso eficiente e controlado dos recursos de hardware, facilitando o uso compartilhado desses recursos por usuários e tarefas diferentes.

Neste livro, não vamos nos aprofundar no estudo dos Sistemas Operacionais, visto que é um assunto muito extenso, tendo livros específicos sobre esse tema. Dessa forma, vamos facilitar o entendimento da programação multitarefas que o ESP32 pode realizar. Existem, basicamente, os sistemas operacionais monotarefa e o multitarefas. Ao programar no Arduino, a execução do *sketch* equivale à programação monotarefa.

Nesse momento, talvez o leitor não saiba diferenciar programação mono de multitarefas. Para compreendermos melhor esses conceitos, vejamos a Figura 1.6. Nela, temos dois sistemas que precisam ler três sensores, sendo que esses necessitam de intervalos de tempo diferentes. O *sensor 1* precisa de 1 ms para a leitura do sinal ao passo que o *sensor 2* precisa de 10 ms para sua leitura e o *sensor 3*, por sua vez, precisa de 100 ms. Num sistema **monotarefa**, gasta-se pelo menos 111 ms para a realização de apenas uma leitura de cada sensor, pois o processador fica impedido de realizar qualquer outro processamento durante a leitura dos sensores.

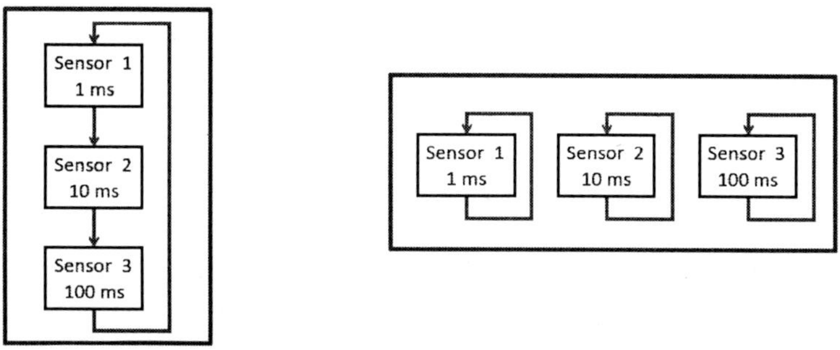

(a) S.O. Monotarefa. (b) S.O. Multitarefas.

Figura 1.6: Sistemas Operacionais: Monotarefa e Multitarefas.

Já no sistema **multitarefas**, podemos criar tarefas (*tasks*) em que cada uma delas seja responsável pela leitura de cada um dos sensores, de forma independente. Isso significa que, nos mesmos 111 ms, são realizadas diversas leituras dos sensores 1 e 2, ao passo em que é realizada uma única leitura do sensor 3. Em outras palavras, cada sensor é processado por tarefas diferentes, independentes entre si, de tal forma que ao final da leitura do sensor 3, são realizadas cerca de 100 leituras do sensor 1 e 10 leituras do sensor 2.

1.4. Programação multitarefas

A maior diferença entre trabalhar com o Arduino e o ESP talvez seja a utilização de *tarefas* (**tasks**). Uma tarefa representa um trabalho que deve ser realizado. Essas tarefas são executadas em tempo real, de forma que o ESP pareça estar executando mais de um código simultaneamente. Isso significa que, enquanto uma tarefa esteja lendo um pino, outra tarefa pode estar escrevendo na serial, ou comandando o acionamento de um motor ou servo. A execução de mais de uma tarefa em tempo real é possível por causa de um sistema operacional de tempo-real chamado **RTOS** (*Real-Time Operating System*). No caso da Espressif, há o **FreeRTOS**. Ao gravar o programa num ESP, pelo Arduino IDE, na verdade o que é gravado é o programa gerenciado pelo FreeRTOS. O programa **Blink**, por exemplo, é rodado como sendo uma única tarefa (**task**).

Para entendermos melhor o conceito de **task**, vejamos a Figura 1.7. Nela, a CPU é compartilhada por duas tarefas, *task1* e *task2*. Cada *task* ocupa a CPU por um determinado tempo. Em t_1, inicia-se a execução de *task1*, já em t_2, o sistema operacional deve interromper a *task1*, mas para isso, alguns valores armazenados em alguns registradores especiais devem ser guardados em sua pilha. Após armazenar esses dados, inicia-se a execução da *task2*. Em t_3, há a continuação da *task1*, mas para isso, o sistema operacional deve interromper a execução da *task2*, guardar os valores dos registradores utilizados na *task2* em sua pilha, recuperar os dados da pilha da *task1*, para finalmente continuar sua execução. Da mesma forma, em t_4, para a execução da *task2*, o sistema operacional deve armazenar o conteúdo dos registradores na pilha da *task1*, recuperar o conteúdo dos registradores armazenados na pilha da *task2*, para finalmente continuar a execução da *task2*.

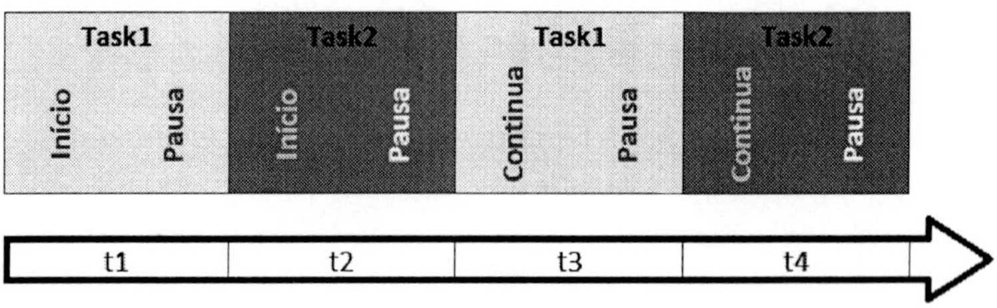

Figura 1.7: Funcionamento de duas tasks.

Como visto na Figura 1.7, há a necessidade de armazenar valores na pilha de cada *task*. Para isso, é necessário que o sistema operacional reserve um espaço de memória para a pilha. Esse espaço de memória é dimensionado pelo terceiro argumento na definição de uma *task*, cujo comando é mostrado a seguir:

```
xTaskCreate(task1, "task1", 4092, NULL, 1, NULL);
```

O comando **xTaskCreate** cria uma nova *task*. O primeiro parâmetro está relacionado ao nome da *task*, que será mostrado no código a seguir. O segundo parâmetro trata-se de uma *string* utilizada para *debug* (não trataremos desse assunto). O quinto parâmetro trata-se da prioridade da *task*; quanto maior o valor, mais alta é a prioridade. O quarto e sexto parâmetros podem ser escritos com NULL, pois não serão abordados neste livro.

O corpo da *task* criada é mostrado no código a seguir:

```
void task1(void *parameter){
  while(1){
    //Inserir o codigo aqui
  }
}
```

Recomendamos a criação de sua *task* no *void setup* para que ela seja executada durante todo o tempo em que o microcontrolador estiver ligado. Uma vez criada a *task* em *setup*, o código da *task* deve ser escrito dentro de *while*, caso contrário o microcontrolador reiniciará ao terminar a execução da *task*. O ponteiro (**parameter*) é necessário para a criação da *task*.

1.5. O RTOS e *Free*RTOS

O RTOS (*Real Time Operating System*) é um paradigma de sistema operacional que se preocupa com tempo limite para executar suas tarefas. O *FreeRTOS* é um sistema operacional em tempo real, de código aberto, voltado para microcontroladores, com o objetivo de ser simples, rápido e confiável.

Para entendermos mais sobre sistemas operacionais em tempo real, vejamos a Figura 1.8, em que podemos ver a **CPU**, o **Escalonador**, **Task1**, **Task2**, **Task3**, **Task4**, até **TaskN**.

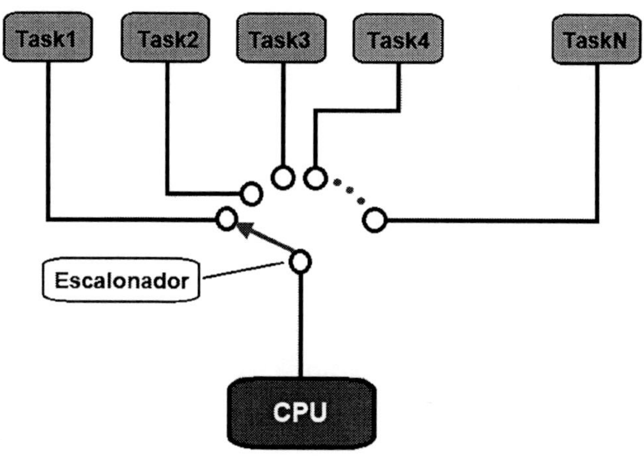

Figura 1.8: Escalonador de tarefas.

O escalonador é o agente responsável por administrar a execução das tarefas.

Para a mudança de uma tarefa para outra, é necessária a *troca de contexto*, a qual pode ser entendida como a ação de gravar ou recuperar o estado dos registradores da CPU para possibilitar que cada tarefa seja continuada no mesmo ponto em que tenha sido interrompida.

Por serem concorrentes, as *tasks* podem assumir prioridades diferentes. A prioridade pode assumir valores entre 0 e 31. A *Idle* é uma *task* criada automaticamente pelo próprio sistema operacional para gerenciar o sistema operacional, assumindo a menor prioridade (valor 0). Por essa e outras razões, recomendamos que o menor valor de prioridade de suas tarefas seja 1. A prioridade é o quinto parâmetro na definição de uma *task*, visto no trecho de código da página 8.

1.6. Qual usar: delay, millis ou micros?

No Arduino, mostramos no livro *Fundamentos de projetos eletrônicos envolvendo o Arduino* a vantagem em se utilizar as funções *millis* e *micros* em vez de *delay*, para temporizações, no ambiente Arduino, como visto no código a seguir.

```
...
tf = millis();
if(tf-ti>delta_T){
   ti = tf;
   //tempo estourado, faca algo
}
```

No ESP32, por outro lado, o uso de *millis* e *micros* para definir tempos de espera não é recomendável, pois ocupa o núcleo, que poderia estar processando outras tarefas.

No caso do *FreeRTOS*, a utilização de *delay* é a melhor opção, uma vez que, diferentemente do que ocorre no Arduino, em que esta função trava o processamento, o *FreeRTOS* modifica a função *delay* por *vTaskDelay*, que bloqueia a **tarefa** em questão pelo período de tempo desejado, liberando o núcleo para processar outras tarefas. Por isso, em toda **task**, utilize *delay* ou, mais diretamente ainda, *vTaskDelay*, para possibilitar a liberação do núcleo para outras tarefas. O **vTaskDelay** pode ser visto no código a seguir, em que *TEMPO_ms* é o tempo, em milissegundos, em que ocorrerá o ciclo da tarefa.

```
vTaskDelay( TEMPO_ms/portTICK_PERIOD_MS );
```

1.7. Compartilhamento de recursos

O compartilhamento de recursos é um problema intrínseco à multitarefa, uma vez que um mesmo recurso pode ser utilizado por mais de uma tarefa. Duas ou mais tarefas podem requisitar um recurso de hardware, podendo haver conflito durante o acesso ao referido recurso por tarefas diferentes, como visto na Figura 1.9.

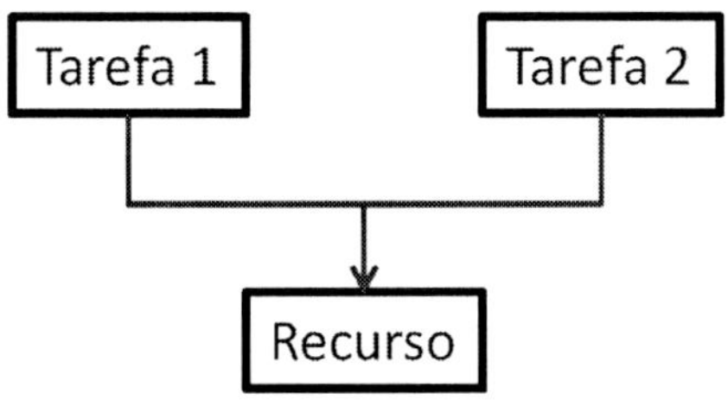

Figura 1.9: Recurso compartilhado por mais de uma tarefa.

Podemos entender como recurso uma parte específica do hardware ou mesmo uma variável global. Por exemplo, temos a porta serial, em que duas tarefas podem tentar acessá-la. Outro exemplo pode ser uma variável global, em que uma tarefa pode tentar escrever nessa variável ao passo que outra tarefa pode estar lendo-a. Isso pode criar conflitos ou erros no programa. Na próxima seção mostraremos como resolver esse problema a partir de uma ferramenta disponibilizada por sistemas operacionais.

1.8. Noções sobre programação paralela

ATUALMENTE, os microcontroladores são capazes de executar várias tarefas ao mesmo tempo. Podemos chamar esse processo de multitarefa. Para que mais de uma tarefa seja realizada em tempo real, é necessário um sistema operacional de tempo real (RTOS - *Real time operational system*).

Num microcontrolador com mais de um núcleo, como ocorre no ESP32, as *tasks* podem ser executadas por núcleos diferentes. Dessa forma, as *tasks* que utilizam o mesmo núcleo são concorrentes, pois utilizam o mesmo núcleo; por outro lado, as *tasks* que utilizam núcleos separados são processadas paralelamente. Apenas poderá ocorrer alguma concorrência entre *tasks* de diferentes núcleos caso elas venham a utilizar um mesmo recurso, seja ele um periférico ou uma variável global.

A Figura 1.10 apresenta um exemplo hipotético em que um microcontrolador contém dois núcleos. Cada núcleo processa três diferentes *tasks*. A **Task_0a**, executada pelo núcleo 0, acessa a variável global **Var_global**, ao passo que a **Task_1b**, executada pelo núcleo 1, também acessa a mesma variável. Da mesma forma, a UART (serial) é acessada pelas *tasks* **Task_0c** e **Task_1c**, podendo haver conflito se as tarefas forem executadas ao mesmo tempo.

Para evitar conflitos que podem ocorrer no exempo da Figura 1.10, devemos utilizar semáforos. Em programação paralela, semáforos são abstrações computacionais que gerenciam o acesso a recursos compartilhados por meio de uma variável especialmente projetada para essa finalidade. Isso permite com que o recurso seja acessado por apenas uma única tarefa. Uma vez bloqueado pelo semáforo, apenas a *task* que bloqueou determinado recurso poderá desbloqueá-lo. Em razão disso, os semáforos devem ser utilizados em trechos muito curtos, como por exemplo no momento de ler ou de escrever em variáveis globais.

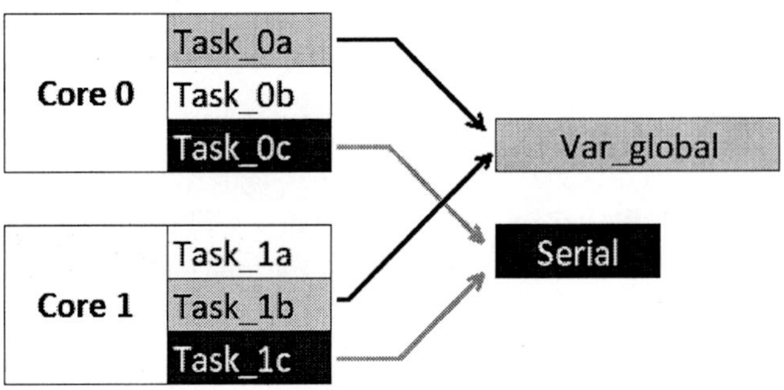

Figura 1.10: Tarefas de diferentes núcleos compartilhando recursos.

1.9. Variáveis no ambiente de 32 bits

VARIÁVEIS podem assumir tamanhos diferentes quando declaradas em ambientes de 8 ou de 32 bits, tais como no Arduino Uno e no ESP32, respectivamente. Variáveis declaradas no Arduino Uno (microcontrolador de 8 bits) e no ESP32 (microcontrolador de 32 bits) podem apresentar comportamentos diferentes, devido ao tipo de variável declarada, como, por exemplo, o tipo **int**. Para o Uno, essa variável possuirá 16 bits, ao passo que esse tipo possuirá 32 bits no ESP32. Para termos certeza sobre o tipo de variável que queira trabalhar, use os tipos mostrados a seguir, que padronizam o tipo de variável inteira independentemente da quantidade de bits do microcontrolador.

Variáveis inteiras, sem sinal:
uint8_t → variável de 8 bits;
uint16_t → variável de 16 bits;
uint32_t → variável de 32 bits;
uint64_t → variável de 64 bits;

Variáveis inteiras, com sinal:
int8_t → variável de 8 bits;
int16_t → variável de 16 bits;
int32_t → variável de 32 bits;
int64_t → variável de 64 bits.

Ao declarar esses tipos de variáveis também em bibliotecas, elas funcionarão da mesma forma para plataformas de 8, 16 ou 32 bits. Por outro lado, ao declarar as variáveis como **int**, e seus modificadores (**unsigned**, **long**), as bibliotecas poderão não funcionar como desejado, devido à modificação do tamanho das variáveis em plataformas diversas (8, 16 e 32 bits).

1.10. Problemas

Problema 1.1 — Introdução. Encontre algumas diferenças entre:
a) Arduino Mega 2560 b) Arduino Due c) ESP32

Problema 1.2 — Tarefas. Explique, com suas palavras, o conceito de multitarefas.

Problema 1.3 — Tarefas. No *void setup*, defina duas *tasks*. Na primeira, reserve 9000 bytes para a pilha, com prioridade 2. Na segunda, reserve 4092 bytes para a pilha, com prioridade 1. Cada *task* deve ser executada a cada 100 ms.

Problema 1.4 — Tarefas. Defina o papel do escalonador de tarefas.

Problema 1.5 — Tarefas. Qual é a vantagem de um ambiente multitarefas diante de um ambiente monotarefa?

Problema 1.6 — Tarefas. Qual é o principal problema em compartilhar um recurso em duas ou mais *tasks*? Como resolver esse problema?

Problema 1.7 — Programação paralela. O que é programação paralela?

Problema 1.8 — Variáveis. Encontre o problema que pode ocorrer no seguinte código caso ele seja gravado em plataforma de 8 bits e de 32 bits:

```
void setup() {
  Serial.begin(115200);
  int32_t dado = -1;
  unsigned int x;
  x = dado;
  Serial.println(x);
}
void loop() {
}
```

Problema 1.9 Escreva uma *task* em que haja um ciclo de 500 ms usando o **vTaskDelay**.

II O ESP32

2 Introdução ao ESP32

HÁ, pelo menos, duas placas de desenvolvimento do ESP32. Uma delas possui 30 pinos, e a outra, 38. Nesta obra abordaremos apenas o ESP32 DEVKIT V1, de 30 pinos, como mostrado na Figura 2.1 e na Figura 2.2. Essa placa pode ser alimentada pela USB, também podendo ser alimentada externamente por uma tensão de 5 Volts. Com exceção de sua alimentação e os pinos GND, os demais pinos dessa placa possuem o padrão de tensão de 3,3 Volts.

Neste capítulo, focaremos nos assuntos necessários para iniciar a programação do ESP32, que são: pinagem, inicialização da placa, energização, o LED da placa, porta serial, serial2, o PWM, o conversor DA e o AD, tasks, exclusão mútua e bluetooth, deixando outros tópicos para os capítulos seguintes.

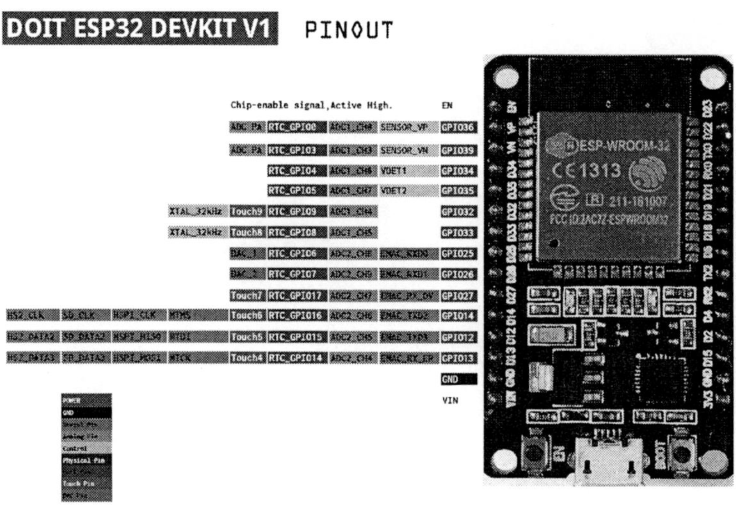

Figura 2.1: Placa ESP32 Devkit V1, com 30 pinos.

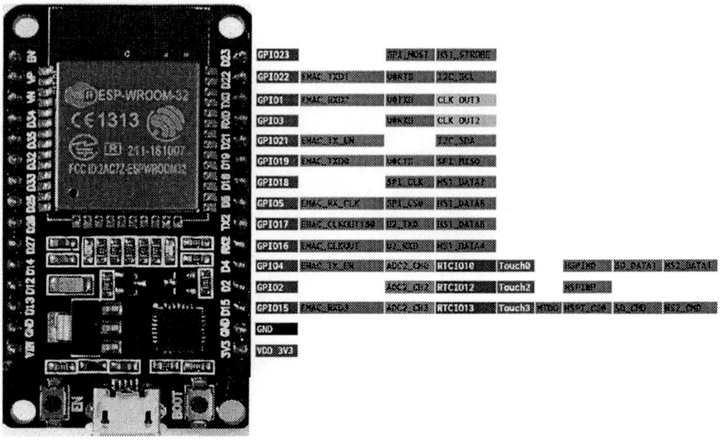

Figura 2.2: Placa ESP32 Devkit V1, com 30 pinos.

2.1. Seleção da placa no IDE

UMA vez instalados os *drivers* do ESP32 no Arduino IDE, como visto no Capítulo 1, para a gravação do **sketch** no ESP32, devemos selecionar o ESP32 Devkit V1, procedimento este visto na Figura 2.3.

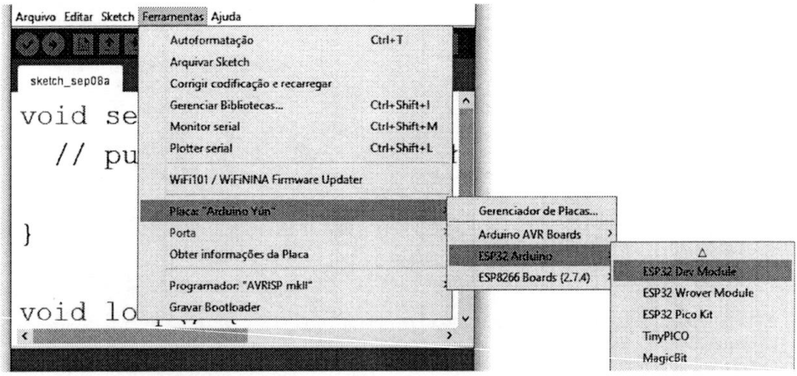

Figura 2.3: Selecionando a placa do ESP32.

2.2. Energização e gravação

O ESP32 pode ser energizado pela entrada USB ou inserindo 5 V no pino **VIN**, como visto na Figura 2.4. Nela, também podemos ver uma saída de

3,3 V, que pode alimentar dispositivos de baixa potência, tais como dispositivos que se comunicam via I2C e outros.

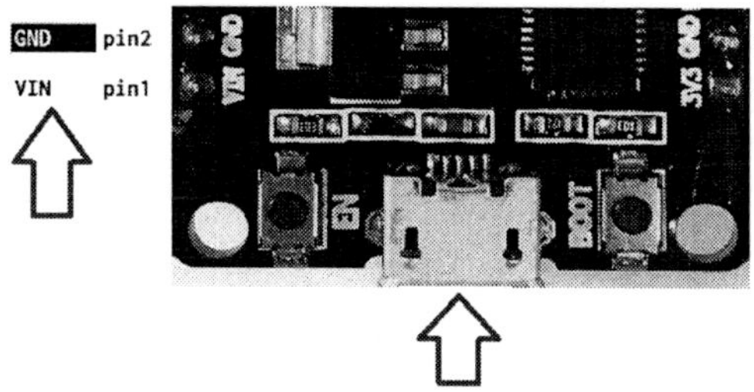

Figura 2.4: Energização do ESP32.

Com o cabo USB conectado, selecione a porta serial criada pelo ESP32.

> **Dica 1** Ao clicar no botão **Carregar**, você deve apertar o botão de **BOOT** no início da gravação do programa.

Após carregar o programa, certifique-se de que o ESP32 tenha sido inicializado; caso perceba que o ESP32 ainda não tenha sido inicializado, aperte o botão **EN**. Os botões **BOOT** e **EN** podem ser vistos na Figura 2.4.

2.3. A inicialização do ESP32

Ao iniciar o ESP32, deve-se ter o cuidado ao utilizar os pinos como entrada ou saída, uma vez que, durante a inicialização do microcontrolador, há pinos que se comportam de forma diferente. Isso pode ocasionar o acionamento indesejado de dispositivos que estiverem acoplados a esses pinos. Vejamos o comportamento de alguns pinos durante a inicialização do ESP32.

Os pinos **GPIO1** e **GPIO3** são os pinos de transmissão serial do ESP32. Assim como no Arduino, esses pinos estão conectados à porta USB. O ESP32 envia pelo **GPIO1** (TX da USB) dados seriais ao inicializar, como mostrado na Figura 2.5. Já o **GPIO3** é levado ao nível alto ao inicializar.

Os **GPIO5**, **GPIO14** e **GPIO15** enviam sinais PWM na inicialização. Dessa forma, evite usar essas portas para acionamento de motores, uma vez que eles podem ser acionados de modo indesejado durante a inicialização do ESP32.

Uma atenção especial deve ser dada ao **GPIO12**, pois este impede a inicialização do ESP32, caso este pino esteja conectado a um sensor que envie um sinal em nível lógico *HIGH*. Por isso, evite que o **GPIO12** seja configurado como dispositivo de entrada.

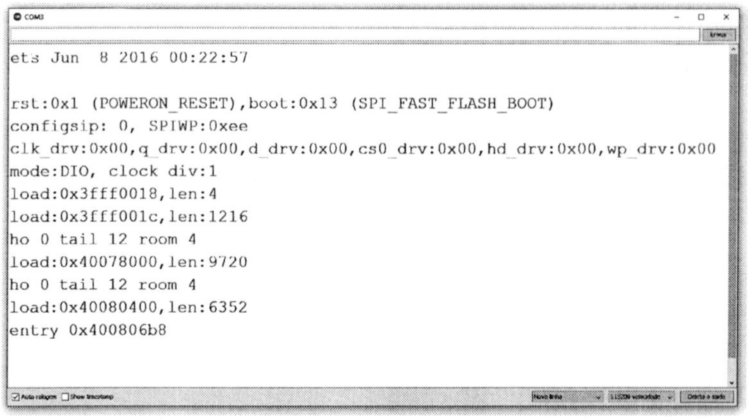

Figura 2.5: Envio de informações pela serial do ESP32 ao inicializar.

2.4. Pinos digitais

PARA definir os pinos digitais como entrada ou como saída, podemos utilizar o número da porta X, ou pelo comando **GPIO_NUM_X**, como mostrado nos comandos a seguir.

Ademais, perceba que, no ESP32, além do resistor de **pull-up**, há também o resistor de **pull-down**. É importante salientar que resistores de **pull-down** não são disponibilizados no Arduino Uno ou Mega 2560.

```
#define SENSOR1 4
#define SENSOR2 GPIO_NUM_15
#define ATUADOR GPIO_NUM_16
setup(){
  pinMode(SENSOR1, INPUT_PULLUP);
  pinMode(SENSOR2, INPUT_PULLDOWN);
  pinMode(ATUADOR, OUTPUT);
}
void loop(){
}
```

2.4.1 Pinos digitais de entrada

No ESP32, os pinos, em geral, podem ser utilizados como pinos de entrada. Por outro lado, algumas observações devem ser realizadas. Como já mencionado, o **GPIO1** não pode ser configurado como entrada. O **GPIO3** é levado para o estado *HIGH* durante a inicialização. O **GPIO12** pode impedir a inicialização do ESP32, se o dispositivo conectado forçar este pino ao estado *HIGH*. Outra observação importante: nem todos os pinos possuem resistores internos de *pull-up* ou de *pull-down*.

2.4.2 Pinos digitais de saída

Os **GPIO34**, **GPIO35**, **GPIO36** e **GPIO39** apenas podem ser configurados como entrada.

Como já mencionado, os **GPIO5**, **GPIO14** e **GPIO15** são sempre inicializados com um sinal PWM, podendo acionar dispositivos de forma indesejada.

2.5. O sketch Blink

PARA testar o ESP32, podemos utilizar o exemplo mais conhecido do Arduino, o **Blink**. Da mesma forma que no Arduino Uno, há um LED na placa do ESP32, que é conectado ao **GPIO2**. Logo, o sketch **Blink** deve ser adaptado para o ESP32, sendo mostrado no código a seguir:

```
#define LED 2

void setup()
{
  pinMode(LED,OUTPUT);
}

void loop()
{
  digitalWrite(LED,HIGH);
  delay(1000);
  digitalWrite(LED,LOW);
  delay(1000);
}
```

2.6. Porta serial

DUAS observações importantes sobre a porta serial podem ser destacadas. A primeira diz respeito à função **void serialEvent()**, existente no Arduino, mas inexistente no ESP32. Nesse caso, o ESP32 não atenderá a essa função. Para isso, podemos utilizar a verificação do **Serial.available()** em *loop* ou em uma **Task** específica, responsável apenas pela verificação da porta serial. A segunda observação sobre a serial é que a entrada do conector USB é conectada aos pinos **GPIO_NUM_1** e **GPIO_NUM_3**. Vejamos o Exemplo 2.1, a seguir.

Exemplo 2.1 — Serial no ESP32. Criando uma *task* para leitura da Serial.

```
#define LED 2
void ver_Serial(void*pont){
  while(1){
    if(Serial.available()>0){
      byte x = Serial.read();
      if(x =='a'){
        digitalWrite(LED,HIGH);
      }
      if(x=='s'){
        digitalWrite(LED,LOW);
      }
    }
    delay(50);
  }
}
void setup() {
  Serial.begin(115200); //taxa padrao do ESP32
  pinMode(LED,OUTPUT);
  xTaskCreate(ver_Serial,"ver_Serial",
    1000,NULL,1,NULL);
  delay(500);
  disableCore0WDT();
}
void loop() {
  Serial.println("Passando pelo LOOP");
  delay(500);
}
```

■

2.7. Serial2

ALÉM da UART padrão, o ESP32 possui outra porta UART, a **Serial2**, cujos pinos são: **U2_TXD** (**GPIO17**) e **U2_RXD** (**GPIO16**). A porta serial do ESP32 pode ser configurada para transmitir e/ou receber dados de outro microcontrolador ou dispositivo. No Exemplo 2.2 podemos ver um ESP32 comunicando-se com outra placa, neste caso, o Arduino Mega 2560, por meio de um par de módulos *RF Wireless HC-12*. O ESP32 é o dispositivo escravo, controlado pelo Mega 2560, o dispositivo mestre. O ESP32 foi programado para ligar ou desligar o LED de sua placa ao receber, respectivamente, os caracteres '**a**' e '**s**'. O dispositivo escravo também envia o caractere recebido. O Arduino Mega 2560, ao constatar o caractere, também liga ou desliga seu próprio LED.

A Figura 2.6 mostra os esquemas de ligação dos dispositivos utilizados. O ESP32 foi alimentado com um carregador de *smartphone*. O Arduino Mega 2560 foi alimentado por um computador, já que o *sketch* mestre necessita do Arduino IDE para enviar os caracteres '**a**' e '**s**'. A Figura 2.7 também apresenta o mesmo projeto, mas com dois ESP32, utilizando fios.

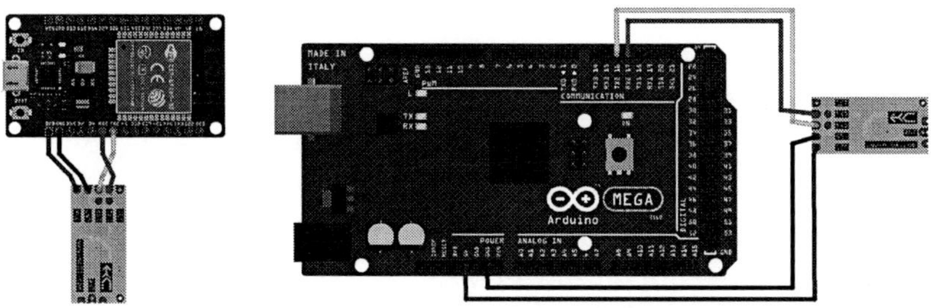

Figura 2.6: Usando a Serial2 do ESP32 com transmissor sem fio.

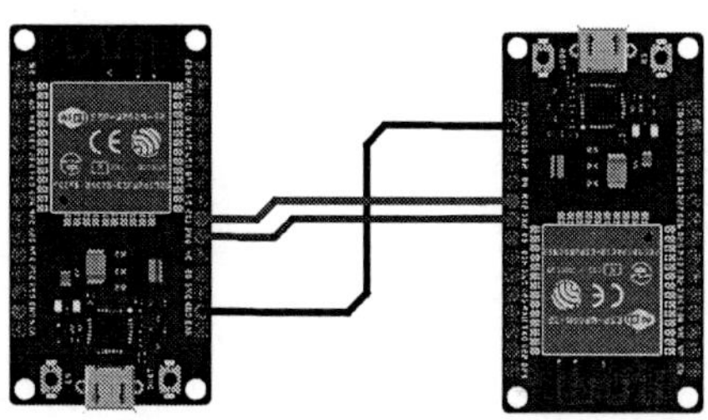

Figura 2.7: Usando a Serial2 do ESP32 com dois ESP32.

Exemplo 2.2 — Serial no ESP32. Crie um *sketch* que acione o LED de outro dispositivo por meio da Serial 2. Os caracteres **a** e **s** devem ser enviados para ligar e desligar o LED, respectivamente. Utilize o monitor serial para o envio desses caracteres.

Dispositivo Escravo: ESP32

```
#define LED 2
void setup() {
  Serial2.begin(9600); //taxa padrao do HC-12
  pinMode(LED,OUTPUT);
}
```

```
void loop() {
  if(Serial2.available()>0){
    byte x = Serial2.read();
    switch(x){
      case 'a':
      digitalWrite(LED,1);
      break;
      case 's':
      digitalWrite(LED,0);
      break;
    }
    Serial2.write(x);
  }
}
```

Dispositivo Mestre: Arduino Mega 2560

```
#define LED 13 //Caso usar ESP32, mude p/ pino 2

void setup() {
  Serial.begin(9600); //pode mudar aqui p 115200
  Serial2.begin(9600);
  pinMode(LED,OUTPUT);
}

void loop() {
  if(Serial.available()>0){
    Serial2.write(Serial.read());
  }
  if(Serial2.available()>0){
    byte x = Serial2.read();
    switch(x){
      case 'a':
      digitalWrite(LED,1);
      break;
      case 's':
      digitalWrite(LED,0);
      break;
    }
    Serial.write(x);
  }
}
```

2.8. Conversor Digital-Analógico (DAC)

O ESP32, bem como o Arduino Due, possui dois conversores DA, de 8 bits. O **sketch** a seguir mostra como utilizar o DAC (*Digital-to-Analog Converter*).

```
#define pino 25 //ou 26
byte valor;
...
dacWrite(pino, valor);
```

O **pino** deverá ser o 25 ou 26. A variável **valor**, pelo fato do DAC ser de 8 bits, deve assumir valores entre 0 e 255.

2.9. Conversor Analógico-Digital (ADC)

O conversor analógico-digital pode ser configurado por meio do comando **analogReadResolution(resolucao)**, em que *resolucao* é a resolução do ADC em até 12 bits. No comando de leitura, **analogRead(GPIO)**, temos no *GPIO* o número da porta de entrada (que tenha o conversor AD, como visto na Figura 2.2). A definição padrão do conversor AD do ESP32 é de 12 bits. A mínima é de 9 bits.

No Exemplo 2.3, a configuração de 10 bits permite uma variação de 0 a 1023. Os GPIOs que possuem o conversor AD são: 2, 4, 12 a 15, 25 a 27, 32 a 36 e 39.

Exemplo 2.3 — ADC. Imprima o valor de um AD com resolução de 10 bits.

```
#define PINO 36
void setup() {
  analogReadResolution(10);
  Serial.begin(115200);
}

void loop() {
  uint16_t AD = analogRead(PINO);
  Serial.println("Leitura AD: "+String(AD));
  delay(1000);
}
```

■

2.10. O PWM

A configuração do PWM no ESP32 é diferente daquela realizada no ESP8266 ou mesmo no Arduino. A sua configuração necessita de três linhas de comando. As duas primeiras podem ser configuradas uma única vez, no **setup**, ao passo que o comando para a mudança do valor PWM pode ser executado no **loop** ou em *task* específica.

O primeiro comando é **ledcAttachPin(Pino, Canal)**, que atribui um pino a um canal PWM. São 16 canais independentes, podendo ser numerados de 0 a 15.

O segundo comando é **ledcSetup(Canal, Frequencia, N_bits)** (8, 9 ou 10 bits), que atribui ao canal a frequência, em Hz, e a resolução do PWM, em bits. O último comando é o **ledcWrite(Canal, Valor)**, que atribui o valor do PWM ao canal. Vejamos os comandos mostrados no Exemplo 2.4.

Exemplo 2.4 — PWM. Comandos para configurar o PWM no ESP32.

```
ledcAttachPin(2, 0); //pino 2 atribuido ao canal 0
ledcSetup(0,1000,10); //canal 0, freq 1kHz, resol 10bits
ledcWrite(0, 512); //duty cycle de 50% no canal 0
```

■

Um *driver* muito utilizado para o controle de motores é o L298N, como visto na Figura 2.8.

Figura 2.8: O *driver* L298N.

Para facilitar a utilização dessa ponte H, que controla até 2 motores de corrente contínua, apresentamos uma biblioteca que pode ser utilizada para o controle de um ou dois motores.

Por se tratar de uma biblioteca em C++, pode ser utilizado mais de um *driver* L298N, em que cada placa será uma instância. Cada instância controla dois motores.

Arquivo H

```
#ifndef _ESP32_L298Ncrb_SantosCRB
#define _ESP32_L298Ncrb_SantosCRB
#include <Arduino.h>
class ESP32_bridgeClass
{
  public:
  ESP32_bridgeClass();                                  //construtor
  ~ESP32_bridgeClass();                                 //destrutor
  //void setup()
  void setPinPWMChFreqResol(uint16_t pin,uint8_t channel,
  uint16_t frequency, uint8_t resolution);
  void setPinPWM(uint16_t pin);
  void setPinDirection(uint16_t value);
  void setPWMmax(uint16_t value);
  void setPWMmin(uint16_t value);
  //void loop()
  bool getDirection();
  void setDirection(bool value);
  void stop();
  void setPWM(uint16_t value);
  private:
  void writePWM();
  uint16_t _vPWMmax;
  uint16_t _PWM;
  uint16_t _PWMmin;
  uint16_t _PWMmax;
  uint16_t PWM;
  uint16_t invPWM;
  uint16_t _pinPWM;
  uint16_t _pinSentido;
  uint16_t _resolutionPWM;
  uint8_t _channel;
  bool _sentido;
  bool _stop;
};
class ESP32_driveL298N
{
  public:
  ESP32_driveL298N();                                   //construtor
  ~ESP32_driveL298N();                                  //destrutor
  ESP32_bridgeClass bridgeL,bridgeR;
  private:
};
#endif
```

Arquivo CPP

```
#include "ESP32_L298Ncrb.h"
ESP32_driveL298N::ESP32_driveL298N(){
}
ESP32_driveL298N::~ESP32_driveL298N(){

}
ESP32_bridgeClass::ESP32_bridgeClass(){
  _PWM = 0;
  _PWMmin = 0;
  _PWMmax = 255;
  _channel = 0;
  _resolutionPWM = 255;
}
ESP32_bridgeClass::~ESP32_bridgeClass(){

}
void ESP32_bridgeClass::setPinPWMChFreqResol(uint16_t pin,
uint8_t channel, uint16_t frequency, uint8_t resolution){
  _pinPWM = pin;
  _channel = channel;
  ledcAttachPin(_pinPWM,_channel);
  _resolutionPWM = pow(2,resolution)-1;
  _PWMmax = _resolutionPWM;
  ledcSetup(_channel,frequency,resolution);
}
void ESP32_bridgeClass::setPWMmax(uint16_t value){
  _PWMmax = value;
}
void ESP32_bridgeClass::setPWMmin(uint16_t value){
  _PWMmin = value;
}
void ESP32_bridgeClass::setPinDirection(uint16_t value){
  _pinSentido = value;
  pinMode(_pinSentido,OUTPUT);
}
void ESP32_bridgeClass::setDirection(bool value){
  _sentido = value;
  digitalWrite(_pinSentido,_sentido);
  writePWM();
}
```

```
void ESP32_bridgeClass::stop(){
  PWM = _PWMmin;
  invPWM = _resolutionPWM - PWM;
  _sentido = false;
  writePWM();
}
bool ESP32_bridgeClass::getDirection(){
  return(_sentido);
}
void ESP32_bridgeClass::setPWM(uint16_t value){
  if(value>_PWMmin){
    if(value<_PWMmax){
      PWM = value;
    }else{
      PWM = _PWMmax;
    }
  }else{
    PWM = _PWMmin;
  }
  writePWM();
}
void ESP32_bridgeClass::writePWM(){
  if(_sentido==0){
    _PWM = PWM;
  }else{
    invPWM = _resolutionPWM - PWM;
    _PWM = invPWM;
  }
  digitalWrite(_pinSentido,_sentido);
  ledcWrite(_channel,_PWM);
}
```

A partir dessa biblioteca, podemos nos basear nos exemplos a seguir, em que cada um controla uma das pontes H do *driver* L298N.

No exemplo *Motor esquerdo*, o **GPIO2** controla a velocidade do motor, ao passo que o **GPIO16** controla o sentido de rotação. O canal utilizado foi o 0, como visto no comando da linha 6 (página 30), a uma frequência de 5 kHz. Ainda na linha 6, a resolução configurada foi de 10 bits, podendo-se setar o PWM (comando visto nas linhas 12 e 17) em valores entre 0 e 1023 ($2^{10} - 1$).

No exemplo *Motor direito*, o **GPIO4** controla o PWM, ao passo que o **GPIO15** controla o sentido de rotação. Note que dessa vez temos que utilizar outro canal, para que possamos controlar cada um dos motores com velocidades diferentes.

Os dois exemplos giram o motor no sentido direto, configurando a velocidade em 100, por um segundo. Após isso, cada motor é desligado por um segundo. A seguir, inverte-se o sentido de rotação com a velocidade de 100.

Motor esquerdo

```
#include <ESP32_L298Ncrb.h>
ESP32_driveL298N driver;

void setup() {
  driver.bridgeL.setPinPWMChFreqResol(2,0,5000,10);
  driver.bridgeL.setPinDirection(16);
}

void loop() {
  driver.bridgeL.setDirection(0);
  driver.bridgeL.setPWM(100);
  delay(10000);
  driver.bridgeL.stop();
  delay(10000);
  driver.bridgeL.setDirection(1);
  driver.bridgeL.setPWM(100);
  delay(10000);
}
```

Motor direito

```
#include <ESP32_L298Ncrb.h>
ESP32_driveL298N driver;

void setup() {
  driver.bridgeR.setPinPWMChFreqResol(4,1,5000,10);
  driver.bridgeR.setPinDirection(15);
}

void loop() {
  driver.bridgeR.setDirection(0);
  driver.bridgeR.setPWM(100);
  delay(10000);
  driver.bridgeR.stop();
  delay(10000);
  driver.bridgeR.setDirection(1);
  driver.bridgeR.setPWM(100);
  delay(10000);
}
```

3 Mais sobre ESP32

NESTE capítulo vamos avançar um pouco mais nos conhecimentos do ESP32, explorando algumas de suas ferramentas, além de utilizar os dois núcleos por meio do sistema operacional *FreeRTOS*.

3.1. O servo e o ESP32

O servo pode ser utilizado no ESP32, desde que uma biblioteca seja instalada no IDE. A biblioteca é o **ESP32_Servo.h**. Ela pode ser baixada através do link:

`https://github.com/jkb-git/ESP32Servo/tree/master/src`

Exemplo 3.1 — Servo. Utilizando o Servo no ESP32.

```
#include <ESP32_Servo.h>
Servo motor;
uint16_t i=0;
void setup() {
  motor.attach(GPIO_NUM_4);
  Serial.begin(115200);
}
void loop() {
  motor.write(i++);
  Serial.println(i);
  delay(50);
  if(i==180){
    i=0;
    motor.write(i);
    delay(100);
  }
}
```

■

O Exemplo 3.1 mostra como utilizar a biblioteca. Se você já utilizou o servo no Arduino, não terá dificuldades. Para essa biblioteca são recomendados os seguintes pinos para utilização: 2, 4, 12-19, 21-23, 25-27, 32 e 33.

A Figura 3.1 mostra como ligar o servo 9g ao ESP32. Se não houver uma carga acoplada ao eixo do servo, podemos utilizar a saída de 3,3 V do ESP32. Se for utilizar carga no servo, ou se for utilizar um servo de maior torque, é recomendável utilizar outra fonte para alimentar o servo.

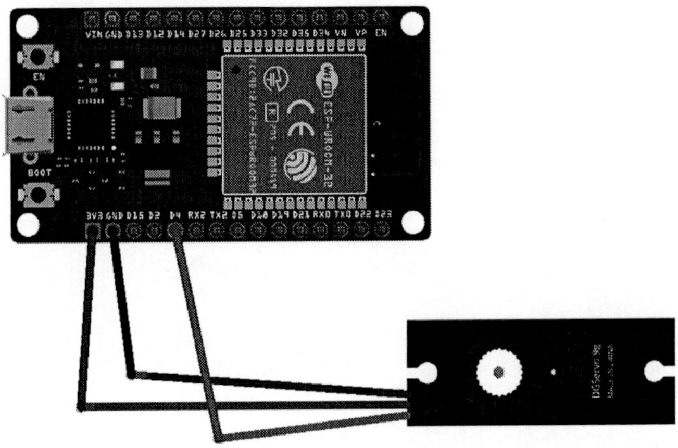

Figura 3.1: ESP32 acionando um Servo.

3.2. Tasks - Tarefas

UMA importante característica do ESP32 é a presença de dois núcleos. Isso significa que você pode desenvolver um projeto como se dois microcontroladores independentes estivessem trabalhando no projeto, entretanto, com uma grande vantagem, pois podem se comunicar com mais facilidade, pois compartilham da mesma memória, agilizando a troca de informações.

Se por um lado apresenta benefícios, por outro traz alguns problemas. O principal deles é o acesso ao mesmo recurso ou à mesma variável, por parte dos dois núcleos, e será tratado na próxima seção.

A utilização de dois núcleos é possibilitada pela existência do *FreeRTOS (Real-Time Operating System)*, que é projetado para executar tarefas em tempo real, não apenas tarefas num mesmo núcleo, mas também em núcleos diferentes.

O núcleo 1 do ESP32 é o núcleo usual para o Arduino IDE, em que é executado o **void loop**. Para utilizar o núcleo 0, necessita-se ativá-lo no **setup**, obedecendo ao comando do Exemplo 3.2.

Exemplo 3.2 — Task. Criação de uma task rodando em núcleo específico no ESP32.

```
void setup(){
  xTaskCreatePinnedToCore(
  task_Core,       /*Task que rodara no core 0 */
  "task_Core",     /* nome da task             */
  8192,            /* Tamanho reservado p/ task */
  NULL,            /* parametro da task        */
  1,               /* prioridade da task       */
  NULL,            /* parametro da task        */
  0);              /* Core (0 ou 1)            */
  delay(500); /*Tempo recomendado p/ ativar a task*/
}
```

■

A *task*, chamada aqui de **task_Core**, será criada no núcleo 0. Para manter a *task* funcionando de forma contínua, é necessário criar um laço infinito, como visto no Exemplo 3.3. Caso não seja criado o *loop* infinito, a *task* será finalizada, podendo deixar o núcleo livre que, no caso do exemplo mostrado, reiniciará o ESP32. Uma atenção deve ser dada ao ponteiro *p*, que é obrigatório para as *tasks*.

Exemplo 3.3 — Task. Corpo da *task* chamada *task_Core*.

```
void task_Core(void *p){
  while(1){
    //Escreva o codigo aqui
    vTaskDelay(T/portTICK_PERIOD_MS); //delay de T ms
  }
  //Se passar por aqui, havera restart do sistema
}
```

■

Para evitar reinicializações inesperadas com mensagens do tipo *Guru Meditation Error: Core 0 panic'ed* ou *Guru Meditation Error: Core 1 panic'ed*, podemos utilizar, no **void setup**, os códigos vistos a seguir. A utilização do WDT (*watchdog timer*) não será abordada neste livro.

```
  disableCore0WDT();
  disableCore1WDT();
```

3.3. Exclusão mútua - MUTEX

No Capítulo 1 vimos sobre multitarefas. Se um recurso qualquer estiver sendo acessado simultaneamente por mais de uma tarefa, pode haver algum problema devido ao acesso simultâneo a esse recurso. Para evitar isso, recomenda-se o uso de uma ferramenta computacional de exclusão mútua, chamada *mutex*. Esse procedimento realiza um controle de acesso ao recurso por parte das *tasks* (ou núcleos). Cada *task* apenas poderá acessar o recurso somente se este estiver desbloqueado. Ao acessar um recurso compartilhado, a *task* em questão pode bloquear o acesso ao recurso para que outras *tasks* não tenham, temporariamente, o acesso ao mesmo recurso. Ao finalizar seu acesso, a *task* libera o recurso para que outra *task* possa acessá-lo. Para otimizar o processamento, evitando esperas longas, o procedimento de bloqueio deve ser o mais breve possível.

O MUTEX pode ser entendido como uma chave que bloqueia ou libera o acesso a uma variável ou hardware, sendo declarada conforme o código a seguir.

```
portMUX_TYPE mux = portMUX_INITIALIZER_UNLOCKED;
```

O uso de *MUTEX* possibilita que o acesso a um recurso seja permitido apenas ao fim do seu bloqueio, criando uma região crítica, que não poderá ser interrompida até a sua finalização (operação atômica). Essa região crítica é delimitada pelos comandos do código a seguir:

```
portENTER_CRITICAL_ISR(&mux); //bloqueia o acesso
...
portEXIT_CRITICAL_ISR(&mux); //libera o acesso
```

O Exemplo 3.4 mostra bem como usar o *mutex* em variáveis. Neste exemplo, foram criadas a *task1* e a *task2*. As duas *tasks* são executadas de forma independente, por meio do processamento *multitask*, permitindo que cada tarefa seja executada, de tempos em tempos, dando a impressão de que todas as tarefas sejam executadas ao mesmo tempo. Nesse exemplo, a variável *var_compartilhada* é acessada pelas duas *tasks*. Esse acesso por mais de uma *task* pode criar algum conflito no acesso a essa variável. Para impedir que a variável seja acessada simultaneamente, foi necessário utilizar o *mutex*, cujo código corresponde à primeira linha do exemplo. Independentemente se as tarefas *task1* e *task2* são rodadas em núcleos distintos ou no mesmo núcleo, a variável *var_compartilhada* será acessada somente por uma tarefa, até que a variável seja desbloqueada, permitindo, dessa forma, que a outra tarefa possa acessar a referida variável.

Exemplo 3.4 — Semáforo. Utilização de semáforos, do tipo MUTEX.

```
int32_t var_compartilhada;
portMUX_TYPE mux = portMUX_INITIALIZER_UNLOCKED;
void task1(void *p){
  int32_t valor1;
  while(1){
    valor1 = analogRead(0);
    portENTER_CRITICAL_ISR(&mux);
    var_compartilhada = valor1;
    portEXIT_CRITICAL_ISR(&mux);
  }
}
void task2(void *p){
  int32_t valor2;
  while(1){
    valor2 = analogRead(1);
    portENTER_CRITICAL_ISR(&mux);
    var_compartilhada = valor2;
    portEXIT_CRITICAL_ISR(&mux);
  }
}
```

■

Para entendermos melhor sobre o acesso a recursos compartilhados de uma forma prática, vamos comparar o Exemplo 3.5 ao Exemplo 3.6, vistos a seguir.

Exemplo 3.5 — MUTEX. Exemplo de multitarefas sem a utilização do Mutex.

```
void setup() {
  Serial.begin(115200);
  xTaskCreate(task1,"task1",1000,NULL,1,NULL);
  xTaskCreate(task2,"task2",1000,NULL,1,NULL);
  xTaskCreate(task3,"task3",1000,NULL,1,NULL);
  disableCore0WDT();
  disableCore1WDT();
}
void loop() {
  String s = "Executando o loop no Core ";
  s = s + xPortGetCoreID();
  Serial.println(s);
}
```

```
void task1(void *parameter){
  String s = "Task1 executando no core ";
  s = s + xPortGetCoreID();
  while(true){Serial.println(s);}
}
void task2(void *parameter){
  String s = "Task2 executando no core ";
  s = s + xPortGetCoreID();
  while(true){Serial.println(s);}
}
void task3(void *parameter){
  String s = "Task3 executando no core ";
  s = s + xPortGetCoreID();
  while(true){Serial.println(s);}
}
```

No Exemplo 3.5 é mostrado um algoritmo que utiliza três *tasks* que imprimem na porta serial, sem utilizar **mutex**. Dessa forma, vemos uma impressão confusa, realizada na porta serial, misturando as *strings* de cada tarefa. O comando **xPortGetCoreID** retorna o número do núcleo em que a *task* está sendo executada (*core 0* ou *core 1*). Ao abrir o monitor serial, você verá uma mistura de *strings*, como mostrado na Figura 3.2.

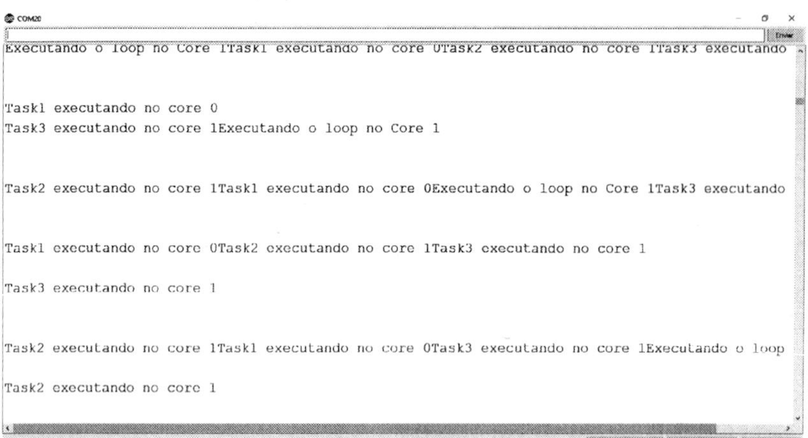

Figura 3.2: Imprimindo na porta serial, sem mutex.

A mistura dos textos das diferentes *tasks* ocorre porque cada uma delas utiliza a porta serial sem esperar que esta seja liberada pela *task* que estiver imprimindo.

O Exemplo 3.6 mostra o mesmo algoritmo, mas utilizando o *mutex* para que não haja conflitos no instante de imprimir as *strings* na porta serial.

Exemplo 3.6 — MUTEX. Exemplo de multitarefas utilizando o mutex.

```
portMUX_TYPE mux = portMUX_INITIALIZER_UNLOCKED;

void setup() {
  Serial.begin(115200);
  xTaskCreate(task1,"task1",1000,NULL,1,NULL);
  xTaskCreate(task2,"task2",1000,NULL,1,NULL);
  xTaskCreate(task3,"task3",1000,NULL,1,NULL);
  disableCore0WDT();
  disableCore1WDT();
}

void loop() {
  String s = "Executando o loop no Core ";
  s = s + xPortGetCoreID();
  portENTER_CRITICAL_ISR(&mux);
  Serial.println(s);
  portEXIT_CRITICAL_ISR(&mux);
}

void task1(void *p){
  String s = "Task1 executando no core ";
  s = s + xPortGetCoreID();
  while(true){
    portENTER_CRITICAL_ISR(&mux);
    Serial.println(s);
    portEXIT_CRITICAL_ISR(&mux);
  }
}

void task2(void *p){
  String s = "Task2 executando no core ";
  s = s + xPortGetCoreID();
  while(true){
    portENTER_CRITICAL_ISR(&mux);
    Serial.println(s);
    portEXIT_CRITICAL_ISR(&mux);
  }
}
```

```
void task3(void *p){
  String s = "Task3 executando no core ";
  s = s + xPortGetCoreID();
  while(true){
    portENTER_CRITICAL_ISR(&mux);
    Serial.println(s);
    portEXIT_CRITICAL_ISR(&mux);
  }
}
```

■

No Exemplo 3.6, o *mutex* organiza a impressão das *tasks* na porta serial, uma vez que cada *task* bloqueia temporariamente a serial, impedindo que outra tarefa utilize a porta até que ela esteja livre. Uma vez livre, a porta serial será utilizada por outra tarefa.

É importante perceber que, tanto no Exemplo 3.5 como no Exemplo 3.6, todas as tarefas tiveram a mesma prioridade (valor 1). Isso permitiu com que todas as tarefas tivessem pesos iguais na disputa pela porta serial.

A impressão na porta serial é mostrada na Figura 3.3. Notem que a impressão é realizada sem misturar as *strings*.

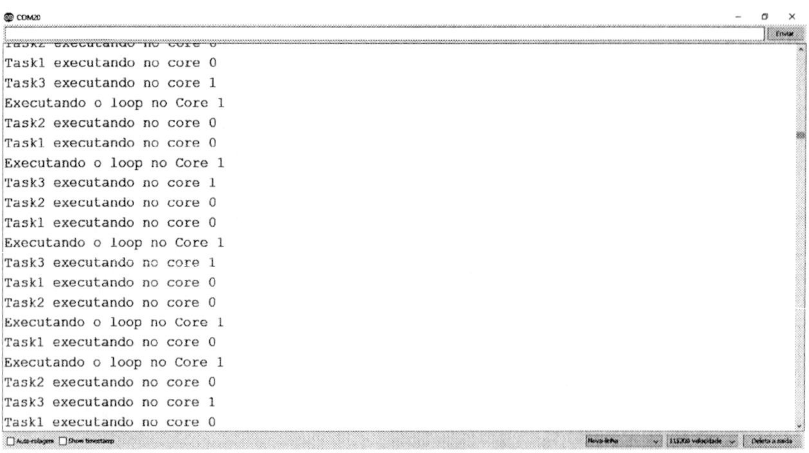

Figura 3.3: Imprimindo na porta serial, com mutex.

3.4. Exemplos de Tasks

NESTA seção vamos desenvolver dois exemplos completos utilizando *tasks*. O primeiro será o do pisca-pisca utilizando o programa **Blink** que utilizará tarefas de forma independente, mas no mesmo núcleo. No segundo, há um compartilhamento de variável, uma vez que o LED modificará o estado ao apertar o botão.

3.4.1 Blink com task

Neste exemplo, temos o **Blink** sendo executado por uma *task* ao passo que outra *task* será utilizada para ler algum botão, que irá imprimir o valor atual do LED na porta serial. Para isso, as duas *tasks* serão executadas no mesmo núcleo. Por não haver compartilhamento de recursos, não utilizaremos o *mutex*. Vejamos o Exemplo 3.7.

Exemplo 3.7 — Blink com Task. Algoritmo Blink com *task*.

```
#define LED 2
#define BOT 4
bool valorLED = false;
Xvoid setup() {
  Serial.begin(115200);
  pinMode(BOT,INPUT_PULLDOWN);
  pinMode(LED,OUTPUT);
  xTaskCreatePinnedToCore(Task_BOTAO, "Task_Botao",
   8192, NULL, 2, NULL, 0);
  delay(500);  /*Tempo recomendado p/ ativar a task*/
  xTaskCreatePinnedToCore(Task_Blink, "Task_Blink",
   8192, NULL, 1, NULL, 0);
  delay(500);  /*Tempo recomendado p/ ativar a task*/
  disableCore0WDT();
  disableCore1WDT();
}
void loop() {

}
void Task_Blink(void *p){
  while(1){
    valorLED = !valorLED;
    digitalWrite(LED,valorLED);
    delay(1000);
  }
}
```

```
void Task_BOTAO(void *p){
  while(1){
    bool bot = digitalRead(BOT);
    if(bot == true){
      bool x = digitalRead(LED);
      if(x == true){
        Serial.println("LED LIGADO");
      }else{
        Serial.println("LED DESLIGADO");
      }
    }
    delay(50);
  }
}
```

■

O Exemplo 3.7 apresenta as *tasks* **Blink** e **BOTAO**, em que a primeira consiste em ligar e desligar o LED do pino 2, ao passo que a segunda verifica o estado do LED, imprimindo-o caso a leitura do pino 4 esteja em nível alto. Note que ambas as *tasks* são executadas no *core 0*, ao passo que o *void loop* é executado no núcleo 1.

3.4.2 Task Blink com inversão do estado do LED

O **Blink** agora funcionará ligando e desligando o LED do pino 2, mas com um *delay* maior, para que seja mais visível a mudança de estado do LED, ao pressionar o botão conectado ao pino 4. Quando este pino mudar para o estado ligado, haverá a inversão do estado do LED. Vejamos o Exemplo 3.8. Como há compartilhamento de recurso (variável **valorLED**), usaremos o MUTEX.

Exemplo 3.8 — Blink com Task. Algoritmo Blink com *task* e com *mutex*.

```
#define LED 2
#define BOT 4

bool valorLED = false;

portMUX_TYPE mux = portMUX_INITIALIZER_UNLOCKED;
```

```
void setup() {
  Serial.begin(115200);
  pinMode(BOT,INPUT_PULLDOWN);
  pinMode(LED,OUTPUT);
  xTaskCreatePinnedToCore(Task_BOTAO, "Task_BOTAO",
  8192,NULL,2,NULL,0);
  delay(500); /*Tempo recomendado p/ ativar a task*/
  xTaskCreatePinnedToCore(Task_LED,"Task_LED",8192,
  NULL,1,NULL,0);
  delay(500); /*Tempo recomendado p/ ativar a task*/
  disableCore0WDT();
  disableCore1WDT();
}
void loop() {

}
void Task_LED(void *p){
  while(1){
    portENTER_CRITICAL_ISR(&mux);
    valorLED = !valorLED;
    digitalWrite(LED,valorLED);
    portEXIT_CRITICAL_ISR(&mux);
    delay(2000);
  }
}
void Task_BOTAO(void *p){
  while(1){
    bool bot = digitalRead(BOT);
    if(bot == true){
      portENTER_CRITICAL_ISR(&mux);
      valorLED = !valorLED;
      digitalWrite(LED,valorLED);
      portEXIT_CRITICAL_ISR(&mux);
      delay(200);
    }
    delay(50);
  }
}
```

■

3.5. Bluetooth

DESENVOLVIDO em 1994, o *bluetooth* é um dispositivo de comunicação ponto a ponto, utilizado para conectar dispositivos em distâncias relativamente curtas. Embora alguns dispositivos possam atingir até 100 metros, a maioria dos dispositivos alcançam distâncias entre 1 e 10 metros. Os comandos principais relacionados ao *bluetooth* são mostrados no Exemplo 3.9.

Exemplo 3.9 — Bluetooth. Conectando dispositivo *bluetooth*.

```
/*This example code is in the Public Domain
(or CC0 licensed, at your option.)
By Evandro Copercini - 2018 */
#include "BluetoothSerial.h"
#if !defined(CONFIG_BT_ENABLED) ||
!defined(CONFIG_BLUEDROID_ENABLED)
#error Bluetooth is not enabled!
#endif
BluetoothSerial SerialBT;
void setup() {
  Serial.begin(115200);
  SerialBT.begin("ESP32test"); //nome do dispositivo
  Serial.println("The device started!");
  Serial.println("Now you can pair it with bluetooth");
}
void loop() {
  if (Serial.available()) {
    SerialBT.write(Serial.read());
  }
  if (SerialBT.available()) {
    Serial.write(SerialBT.read());
  }
  delay(20);
}
```

■

No Exemplo 3.9, o *sketch* escreve na porta serial os caracteres enviados por um dispositivo conectado ao ESP32, além de enviar ao dispositivo qualquer caractere escrito no *Monitor Serial*.

A Utilização do *bluetooth* é bastante simples no ESP32. É muito parecido com a utilização do *SoftwareSerial*, do Arduino. Inicialmente, devemos inserir a biblioteca *BluetoothSerial.h*. Após a inserção da biblioteca, em **setup**, devemos adotar um nome para o dispositivo *bluetooth*, o qual aparecerá na lista de dispositivos a serem conectados ao *smartphone*.

O *smartphone* é uma das formas mais comuns de conectar-se ao ESP32. Para isso, uma prévia compreensão sobre **Android** ou outros sistemas operacionais é importante para ligar o *bluetooth*. Caso precise desenvolver algum aplicativo específico para o *smartphone*, procure um material específico. Dois desenvolvedores bem documentados na internet são: **Blynk** e o **App Inventor 2**, do MIT. Já no **loop**, podemos utilizar os métodos **write** e **read** para escrever ou ler, respectivamente.

3.6. O Touch

Os pinos *touch* são: **GPIO2**, **GPIO4**, **GPIO12**, **GPIO13**, **GPIO14**, **GPIO15**, **GPIO27**, **GPIO32** e **GPIO33**, mostrados na Figura 2.1 e na Figura 2.2. Podemos utilizar o número do GPIO ou o índice de cada um, como T0, T1, etc, de acordo com a pinagem. Um *sketch* simples para perceber o funcionamento do *touch* é mostrado a seguir.

```
void setup(){
  Serial.begin(115200);
  delay(1000);
  Serial.println("Teste do Touch ");
}
void loop(){
  Serial.println(touchRead(4));
  delay(1000);
}
```

Teste o *sketch* encostando e soltando o pino do GPIO4, verificando o monitor serial.

3.7. Problemas

Problema 3.1 — Tasks. Desenvolva um projeto que realize a leitura de dois *push-buttons*. Cada *push-button* deve enviar uma mensagem na serial que identifique qual o botão apertado. Além disso, coloque dois LEDs que devem piscar, um a cada 1 segundo e outro a cada 300 ms. Use *tasks*.

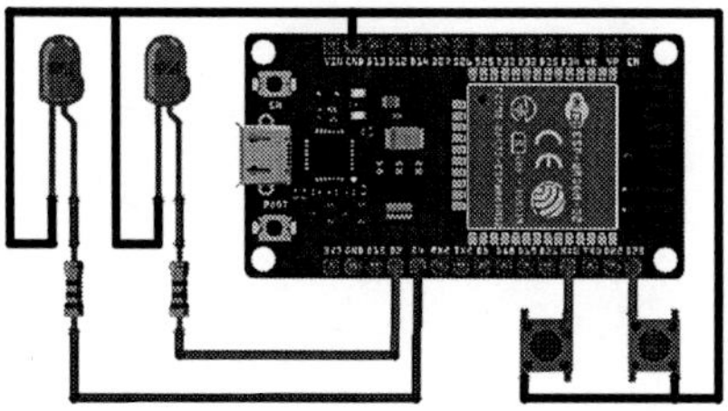

Figura 3.4: Circuito do Problema 3.1.

Problema 3.2 — Pinagem. Cite as principais funções dos pinos do ESP32.

Problema 3.3 — Tasks. Desenvolva um projeto que utilize uma *task* para o pisca-pisca, com o LED do GPIO2. Outra *task* deve realizar a leitura da porta serial para modificar o tempo de acionamento do LED em 200 ms, por meio de dois caracteres: um para diminuir (caractere *a*) e outro para aumentar (caractere *s*) o período de acionamento. Use uma terceira *task* que realize a leitura de um conversor AD e imprima o valor na serial a cada 1 segundo. Limite em 200 ms o menor intervalo em que o LED esteja ligado ou desligado.

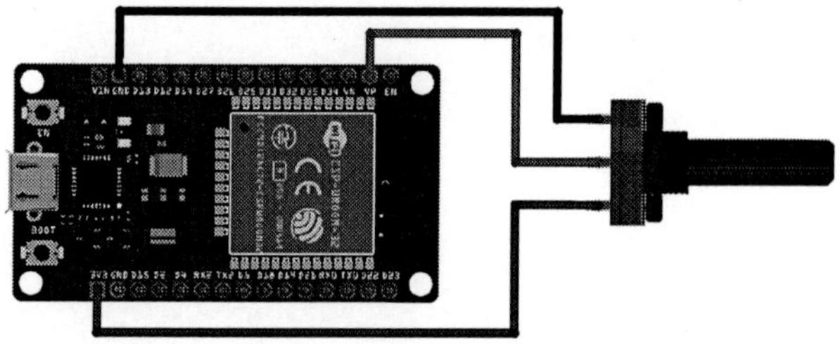

Figura 3.5: Circuito do Problema 3.3.

4 ESP32 avançado

NESTE capítulo explicaremos mais sobre algumas funções do ESP32, tais como o modo *sleep*, sensor *hall*, interrupções e temporizadores.

4.1. Interrupções - ISR

A **Interrupt Service Routine** (ISR) é uma monitoração dos pinos do ESP32, por hardware. Assim como o Arduino Due, praticamente todos os pinos podem ser utilizados como pinos de interrupção. Para utilizar as interrupções, devemos referenciar o pino através do comando *digitalPinToInterrupt*, como visto a seguir.

```
attachInterrupt(digitalPinToInterrupt(GPIO),funcao,MODO);
```

Em que:

GPIO - Número do GPIO;

funcao - Função de interrupção a ser chamada;

MODO - Modo da interrupção (RISING, CHANGE, FALLING).

Alguns detalhes complementares podem ser considerados para o ESP32. O primeiro deles diz respeito ao comando **IRAM_ATTR**. Este comando pode ser utilizado para que o código da interrupção seja carregado na RAM interna do ESP32, aumentando a velocidade de processamento da interrupção. Vejamos o código a seguir.

```
void IRAM_ATTR interrupcao(){
  //O codigo aqui sera carregado na RAM
}
```

Na interrupção não podemos utilizar a função **millis**. Para recuperar essa informação, pode ser usado o comando **xTaskGetTickCount**(). Também podemos utilizar o comando **micros**(). Por fim, assim como no Arduino, devemos lembrar que as variáveis modificadas na interrupção devem ser declaradas com a palavra **volatile**.

Exemplo 4.1 — Interrupção. Desenvolva um algoritmo que realize a contagem de 2 sensores discretos (por pulsos), tais como encoders. Utilize o núcleo 0 para imprimir os resultados.

```
#define INT1 2
#define INT2 4
volatile uint32_t cont1,cont2,nucleo1,nucleo2;
void IRAM_ATTR contagem1();
void IRAM_ATTR contagem2();
portMUX_TYPE mux1 = portMUX_INITIALIZER_UNLOCKED;
portMUX_TYPE mux2 = portMUX_INITIALIZER_UNLOCKED;
void setup() {
  attachInterrupt(digitalPinToInterrupt(INT1),
   contagem1, FALLING);
  attachInterrupt(digitalPinToInterrupt(INT2),
   contagem2, FALLING);
  xTaskCreatePinnedToCore(task_0,"task_0",
   8192,NULL,2,NULL,0);
  delay(500);
  Serial.begin(115200);
  nucleo1 = 100;
  nucleo2 = 100;
}
void loop(){
  //livre para qualquer acao
}
void task_0(void * p){
  while(1){
    uint32_t c1,c2;
    portENTER_CRITICAL_ISR(&mux1);
    c1 = cont1;
    portEXIT_CRITICAL_ISR(&mux1);
    portENTER_CRITICAL_ISR(&mux2);
    c2 = cont2;
    portEXIT_CRITICAL_ISR(&mux2);
    Serial.println("Core Int1: "+String(nucleo1));
    Serial.println("Core Int2: "+String(nucleo2));
    Serial.println("Contagem 1: "+String(c1));
    Serial.println("Contagem 2: "+String(c2));
    delay(1000);
  }
}
```

```
void IRAM_ATTR contagem1(){
  portENTER_CRITICAL_ISR(&mux1);
  cont1++;
  portEXIT_CRITICAL_ISR(&mux1);
  nucleo1 = xPortGetCoreID();
}
void IRAM_ATTR contagem2(){
  portENTER_CRITICAL_ISR(&mux2);
  cont2++;
  portEXIT_CRITICAL_ISR(&mux2);
  nucleo2 = xPortGetCoreID();
}
```

■

Perceba que, para diminuir o tempo em que **mux1** e **mux2** bloqueiam os acessos às variáveis **cont1** e **cont2**, recomendamos a utilização de uma cópia das variáveis, como visto no código do Exemplo 4.1, utilizando as variáveis **c1** e **c2**. Nesse exemplo, as interrupções funcionam no núcleo 1. Para que as interrupções funcionem no núcleo 0, podemos ver o Exemplo 4.2.

Exemplo 4.2 — Interrupção. Desenvolva um algoritmo que realize a contagem de 2 sensores de vazão. Utilize o núcleo 0 para imprimir os resultados e também para atender as interrupções.

```
#define INT1 2
#define INT2 4
volatile uint32_t cont1,cont2,nucleo1,nucleo2;
void IRAM_ATTR contagem1();
void IRAM_ATTR contagem2();
portMUX_TYPE mux1 = portMUX_INITIALIZER_UNLOCKED;
portMUX_TYPE mux2 = portMUX_INITIALIZER_UNLOCKED;
void setup() {
  xTaskCreatePinnedToCore(task_0,"task_0",8192,
    NULL,2,NULL,0);
  delay(500);
  Serial.begin(115200);
  nucleo1 = 100;
  nucleo2 = 100;
}
void loop(){ //livre para qualquer acao
}
```

```
void task_0(void * p){
  attachInterrupt(digitalPinToInterrupt(INT1),
    contagem1, FALLING);
  attachInterrupt(digitalPinToInterrupt(INT2),
    contagem2, FALLING);
  while(1){
    uint32_t c1,c2;
    portENTER_CRITICAL_ISR(&mux1);
    c1 = cont1;
    portEXIT_CRITICAL_ISR(&mux1);
    portENTER_CRITICAL_ISR(&mux2);
    c2 = cont2;
    portEXIT_CRITICAL_ISR(&mux2);
    Serial.println("Core Int1: "+String(nucleo1));
    Serial.println("Core Int2: "+String(nucleo2));
    Serial.println("Contagem 1: "+String(c1));
    Serial.println("Contagem 2: "+String(c2));
    delay(1000);
  }
}
void IRAM_ATTR contagem1(){
  portENTER_CRITICAL_ISR(&mux1);
  cont1++;
  portEXIT_CRITICAL_ISR(&mux1);
  nucleo1 = xPortGetCoreID();
}
void IRAM_ATTR contagem2(){
  portENTER_CRITICAL_ISR(&mux2);
  cont2++;
  portEXIT_CRITICAL_ISR(&mux2);
  nucleo2 = xPortGetCoreID();
}
```

■

4.2. Modo Sleep

O modo *Sleep* pode ser utilizado para economizar energia em sistemas embarcados. Para entrar no modo **sleep**, é necessário o seguinte comando:

```
esp_deep_sleep_start();
```

Todavia, antes do comando anterior é necessário configurar as formas de acordar o ESP32. Para isso, o ESP32 oferece algumas opções para acordá-lo.

Elas são explicadas a seguir.

4.2.1 Despertar por Extern(0)

Uma vez iniciado o modo *sleep*, podemos despertá-lo com a mudança de um estado de um pino. O código a seguir mostra como habilitar esta funcionalidade.

```
esp_sleep_enable_ext0_wakeup(GPIO, NIVEL);
```

Onde *GPIO* é uma porta do ESP32. Uma observação deve ser dada para as portas digitais, pois elas devem ser escritas não pelos seus números, mas pelas suas designações nativas do *FreeRTOS*; por exemplo, o GPIO 4 deve ser escrito da forma: **GPIO_NUM_4**. Apenas os GPIOs números 0, 2, 4, 12 a 15, 25 a 27, 32 a 39 podem funcionar nessa função. Por outro lado, o parâmetro *NIVEL* é um valor que pode ser 0 (LOW) ou 1 (HIGH), em que o pino deve ser acionado para acordar o ESP32.

Exemplo 4.3 — Modo Sleep. Entrando em modo *sleep* pela serial e saindo por pino.

```
#define LED 2
bool estadoLED = false;

void setup() {
  Serial.begin(115200);
  pinMode(LED,OUTPUT);
  pinMode(GPIO_NUM_4,INPUT_PULLDOWN);
  esp_sleep_enable_ext0_wakeup(GPIO_NUM_4, 1);
  xTaskCreatePinnedToCore(Pisca,"Pisca",8192,
    NULL,2,NULL,0);
  delay(500);
  disableCore0WDT();
  disableCore1WDT();
}
void loop() {
  if(Serial.available()>0){
    byte x = Serial.read();
    if(x=='a'){
      esp_deep_sleep_start();
    }
  }
}
```

```
void Pisca(void * ponteiro){
  while(1){
    estadoLED = !estadoLED;
    digitalWrite(LED,estadoLED);
    delay(1000);
  }
}
```

■

Vejamos o Exemplo 4.3, em que colocaremos o ESP32 em modo **sleep** ao enviar o caractere'**a**', despertando-o ao acionar um botão conectado ao pino 4 e ao V_{CC} (3,3 V). Perceba que o núcleo 0 está funcionando para piscar o LED do pino 2. Já o núcleo 1 executa o *loop*, que verifica o recebimento de dados da porta serial.

4.2.2 Despertar por tempo

Você também pode deixar que o ESP32 possa despertar de tempos em tempos. O intervalo de tempo, em microssegundos, é dado pelo comando a seguir, em que *TEMPO_us* é o intervalo de tempo para despertar.

```
esp_sleep_enable_timer_wakeup(TEMPO_us);
```

Vejamos no Exemplo 4.4 como utilizar o despertar por tempo.

Exemplo 4.4 — Modo Sleep. Entrando em modo *sleep* pela serial e acordando por tempo.

```
#define LED 2
#define TEMPO_us 50000000
bool estadoLED = false;
void setup() {
  Serial.begin(115200);
  pinMode(LED,OUTPUT);
  esp_sleep_enable_timer_wakeup(TEMPO_us);
  xTaskCreatePinnedToCore(PiscaPisca, "PiscaPisca",
    8192, NULL, 2, NULL, 0);
  delay(500);
  disableCore0WDT();
}
```

```
void loop() {
  if(Serial.available()>0){
    byte x = Serial.read();
    if(x=='a'){
      esp_deep_sleep_start();
    }
  }
}
void PiscaPisca(void * ponteiro){
  while(1){
    estadoLED = !estadoLED;
    digitalWrite(LED,estadoLED);
    delay(1000);
  }
}
```

■

No Exemplo 4.4, ao receber o caractere '**a**', o ESP32 entra em modo sleep, por 50 segundos. Após esse tempo, o ESP32 reinicia o processo de pisca-pisca.

4.2.3 Outras formas de despertar

O ESP32 também oferece mais duas formas de despertar do modo **Deep Sleep**, mas que não serão abordadas, já que os modos já descritos oferecem as formas principais: tempo e mudança de estado do pino. Se você quiser mais informações, procure por *External Wakeup (ext1)* e por *TouchPad.*

4.3. Temporização

A temporização é um recurso que pode ser utilizado para atendimentos periódicos, com elevada precisão. Para configurar o *timer*, são necessários alguns comandos.

O comando a seguir cria um *timer*:

```
hw_timer_t * timer = NULL;
```

O comando a seguir inicializa o *timer* com os parâmetros necessários ao seu funcionamento:

```
timer = timerBegin(nTIMER, CLOCK, vBIN);
```

Em que:

- **nTIMER** → número do **timer**, que pode ser 0, 1, 2 ou 3;
- **CLOCK** → clock do ESP32, em MHz, ou seja, 80;
- **vBIN** → valor binário: contagem crescente (*true*) ou contagem decrescente (*false*).

Além disso, é necessária uma sequência de comandos:

```
timerAttachInterrupt(ntimer, &nomeRotina, valor);
timerAlarmWrite(instancia, intervalo_us, valor2);
timerAlarmEnable(instancia);
```

Em que:

- **ntimer** → Nome do *timer* criado;
- **nomeRotina** → Nome da função que será chamada no estouro da contagem;
- **valor** → Habilita a interrupção se *true*, desativando se *false*;
- **intervalo_us** → Intervalo de tempo em que o *timer* realizará o estouro de contagem;
- **valor2** → Para autorecarga do *timer*; se *true*, ocorre periodicamente;

O Exemplo 4.5 mostra como o temporizador funciona. Neste exemplo, o temporizador é acionado a cada 1 segundo. O temporizador é desativado quando o tempo em que o ESP32 estiver ligado ultrapassar 20 segundos.

Exemplo 4.5 — Timer. Desenvolva um código que imprima o valor de tempo em que o ESP32 esteja funcionando. Utilize *timer*, com 1 segundo de intervalo. Ao completar 20 segundos, desative o *timer*.

```
hw_timer_t * vTimer = NULL;

void setup(){
  Serial.begin(115200);
  iniciaTimer();
}
```

```
void loop(){

}
void paralizaTimer(){
  timerEnd(vTimer);
  vTimer = NULL;
}
void atendeTimer(){
  uint32_t x = millis();
  Serial.println("atende Timer: "+String(x)+" ms");
  if (x>= 20000){
    paralizaTimer();
  }
}
void iniciaTimer(){
  vTimer = timerBegin(0, 80, true);
  timerAttachInterrupt(vTimer, &atendeTimer, true);
  timerAlarmWrite(vTimer, 1000000, true);
  timerAlarmEnable(vTimer);
}
```

■

Uma combinação entre temporização e interrupção pode ajudar a calcular velocidade, frequência, vazão e outros, como será visto no Problema 4.3.

4.4. Sensor Hall interno

O sensor Hall, interno ao ESP32, pode ser utilizado para detectar mudanças do campo magnético próximo ao ESP32. O algoritmo a seguir mostra como utilizá-lo. As aplicações são diversas, ficando para o projetista estudar mais a respeito do Efeito Hall e suas aplicações práticas.

Exemplo 4.6 — Sensor Hall. Imprima o valor medido pelo sensor Hall e acione um LED ao ser menor do que 25.

```
#define LED 2
const int LIMIT = 25; //limite para ativar o LED
void setup() {
  Serial.begin(115200);
  pinMode(LED, OUTPUT);
}
```

```
void loop() {
  int measurement = 0;
  measurement = hallRead();
  Serial.print("Imprime a medida: ");
  Serial.println(measurement);
  if(measurement < LIMIT) {
    digitalWrite(LED, HIGH);
  }
  else{
    digitalWrite(LED, LOW);
  }
  delay(100);
}
```

■

4.5. A EEPROM

EMBORA não haja EEPROM no ESP32, podemos emulá-la por meio da FLASH, utilizando a biblioteca **EEPROM.h** para gravar até 512 bytes.

Devemos lembrar que a gravação de dados utilizando a biblioteca EEPROM deve ser moderada. Use-a somente quando for necessário armazenar dados críticos, que não podem ser perdidos. Caso a quantidade de dados a serem armazenados seja muito grande, utilize EEPROM externa ou um *SD Card*. Há várias soluções para que esses dados não sejam perdidos, como por exemplo o ESP32 LoRa, que pode transmitir dados a mais de 1 km de distância, o que tornaria o sistema ainda mais econômico, pois seria dispensado o deslocamento de alguma pessoa para resgatar os dados no local em que ocorrer a medição. Vejamos o código do Exemplo 4.7, que armazenará a leitura de um conversor AD após apertar um *push button* conectado ao GPIO 4.

Exemplo 4.7 — EEPROM ESP32. Salve uma sequência de até 80 dados de três conversores AD na EEPROM. O LED deve permanecer aceso ao completar as 80 medidas. As medidas devem ser realizadas ao pressionar o GPIO4. Use o GPIO5 para resetar a memória. Ao iniciar o ESP32, mostre os dados gravados.

RESP: Precisaremos de 80 dados, de 3 conversores AD, onde cada AD necessita de 2 bytes (16 bits) por dado. Como usaremos um índice para saber o endereço do último dado armazenado, soma-se mais 2 bytes, precisando reservar pelo menos:

$TamanhoEEPROM = 80 \cdot 3 \cdot 2 + 2 = 482$ bytes.

Para a execução dessa tarefa, vamos utilizar uma *struct*.

```
#include <EEPROM.h>

#define EEPROM_SIZE 482 //tamanho da EEPROM
#define LED 2
#define BOTAO 4
#define RESET 5
uint16_t ponteiro;

typedef struct{
  uint16_t valorAD1;
  uint16_t valorAD2;
  uint16_t valorAD3;
}TconversorAD;

TconversorAD dado;

void setup(){
  uint16_t endereco;
  Serial.begin(115200);
  pinMode(LED,OUTPUT);
  pinMode(BOTAO,INPUT_PULLUP);
  pinMode(RESET,INPUT_PULLUP);
  EEPROM.begin(EEPROM_SIZE);
  delay(500);
  EEPROM.get(0x00,ponteiro);
  Serial.println("Zerar memoria: aperte GPIO5");
  Serial.println("Memoria: "+String(ponteiro)+
    " Bytes");
  Serial.println("Lendo memoria...");
  endereco=sizeof(ponteiro);
  while(endereco<ponteiro){
    EEPROM.get(endereco,dado);
    Serial.println("---");
    Serial.println("AD1 :"+String(dado.valorAD1));
    Serial.println("AD2 :"+String(dado.valorAD2));
    Serial.println("AD3 :"+String(dado.valorAD3));
    endereco+=sizeof(dado);
  }
}
```

```
void loop(){
  if(digitalRead(BOTAO)==LOW){
    digitalWrite(LED,HIGH);
    delay(500);//evitando debouncing
    if(ponteiro<EEPROM_SIZE){
      dado.valorAD1 = analogRead(15);
      dado.valorAD2 = analogRead(36);
      dado.valorAD3 = analogRead(39);
      digitalWrite(LED,LOW);
      EEPROM.put(ponteiro,dado);
      EEPROM.commit(); //Obrigatorio no ESP32
      ponteiro +=sizeof(TconversorAD);
      EEPROM.put(0x00,ponteiro);
      EEPROM.commit(); //Obrigatorio no ESP32
      Serial.println("---");
      Serial.println("Gravado");
      Serial.println("Memoria: "+
        String(ponteiro)+" Bytes");
      Serial.println("AD 1: "+String(dado.valorAD1));
      Serial.println("AD 2: "+String(dado.valorAD2));
      Serial.println("AD 3: "+String(dado.valorAD3));
    }else{
      digitalWrite(LED,HIGH);
      Serial.println("Memoria cheia");
      Serial.println("Memoria: "+
        String(ponteiro)+" Bytes");
    }
  }
  if(digitalRead(RESET)==LOW){
    ponteiro = sizeof(ponteiro);
    EEPROM.put(0x00,ponteiro);
    EEPROM.commit(); //Obrigatorio no ESP32
    Serial.println("Memoria esvaziada");
    delay(500);
  }
}
```

Lembramos ao leitor de que o método **commit** deve ser utilizado após os métodos de escrita, ou seja, após **write** ou **put**.

O circuito do Exemplo 4.7 pode ser visto na Figura 4.1.

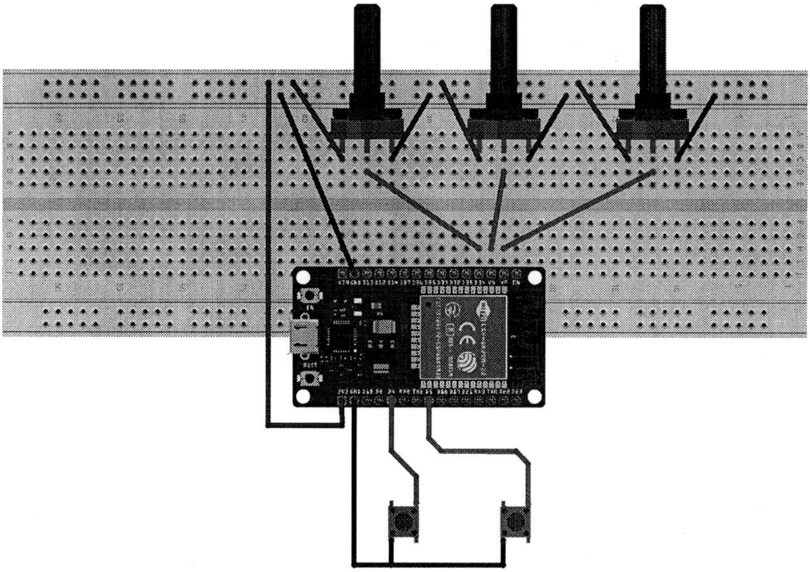

Figura 4.1: Circuito do Exemplo 4.7.

4.6. Problemas

Problema 4.1 — Interrupção. Desenvolva um algoritmo capaz de medir a quantidade de pulsos produzidos por um sensor de vazão de água, como mostrado na Figura 4.2. A medição deve ser realizada por interrupção.

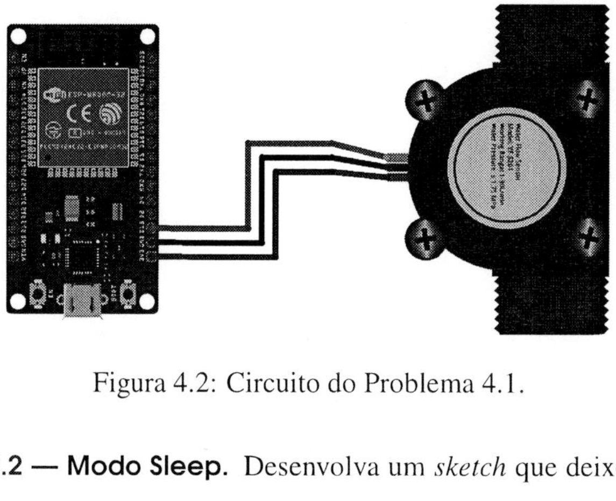

Figura 4.2: Circuito do Problema 4.1.

Problema 4.2 — Modo Sleep. Desenvolva um *sketch* que deixe o LED piscando e, após enviar o caractere '**a**', o ESP32 entra em modo *sleep* por 60 segundos.

Problema 4.3 — Interrupção. Desenvolva um algoritmo que calcule a vazão, em pulsos/min, de um sensor de vazão. Utilize interrupção. Utilize o circuito da Figura 4.2.

Problema 4.4 — EEPROM. Crie um *sketch* na memória EEPROM uma estrutura ao apertar o botão ligado ao GPIO4, incrementando em 2 o campo *contagem* e multiplicando por 2 o valor do campo *multiplica* e incremente o campo *caractere*, imprimindo os dados na serial. A estrutura é mostrada a seguir. Ao apertar o GPIO15, insira os valores: *contagem* = 0, *multiplica* = 1, *caractere* = 'A'.

Comunicação sem fio

5 ESP32 LoRa

O ESP32 LoRa é uma placa constituída de um ESP32, um display OLED e um transceptor LoRa. A placa do fabricante *Heltec* é uma das que mais se destacam, podendo ser vista na Figura 5.1 e na Figura 5.2. Perceba que alguns pinos do ESP32 são utilizados para o controle do OLED e do transceptor, totalizando 10 pinos. Dessa forma, evite utilizar esses pinos que estão comprometidos com as funções do LoRa e do OLED.

Em razão do ESP32 já ter sido explicado na Parte II, neste capítulo vamos nos concentrar na conectividade LoRa e no OLED.

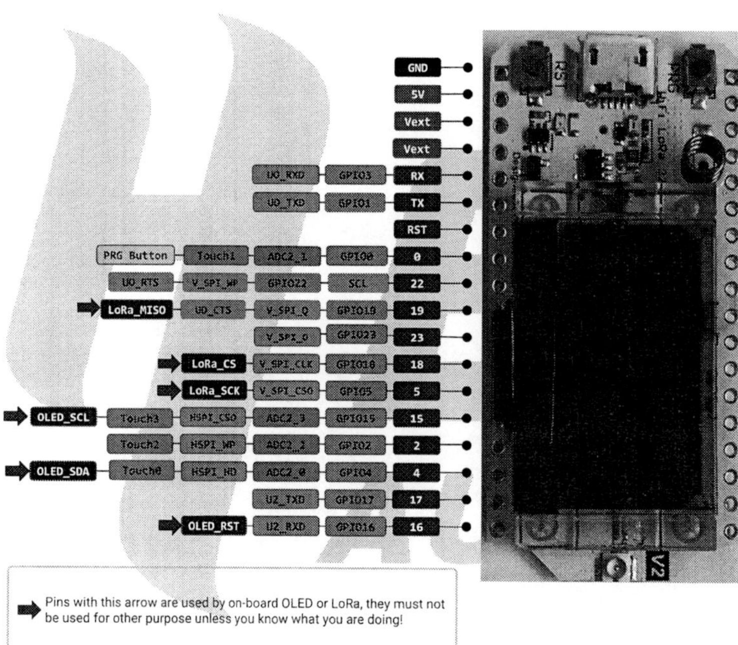

Figura 5.1: Módulo WiFi LoRa 32 (V2), da Heltec.

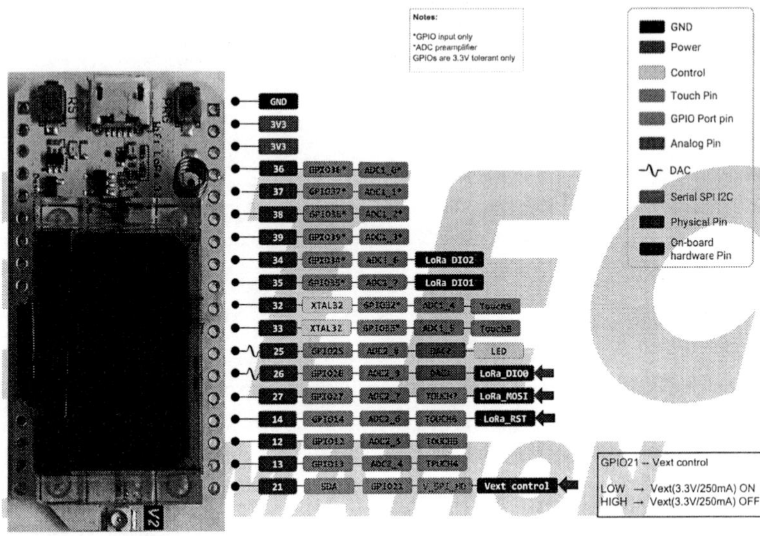

Figura 5.2: Módulo WiFi LoRa 32 (V2), da Heltec.

> **Dica 2 — ANTES DE LIGAR O LoRa.** O fabricante do ESP32 LoRa recomenda que este não seja ligado sem conectar a antena do módulo.

5.1. Selecionando a placa

A seleção a placa no IDE pode ser vista na Figura 5.3.

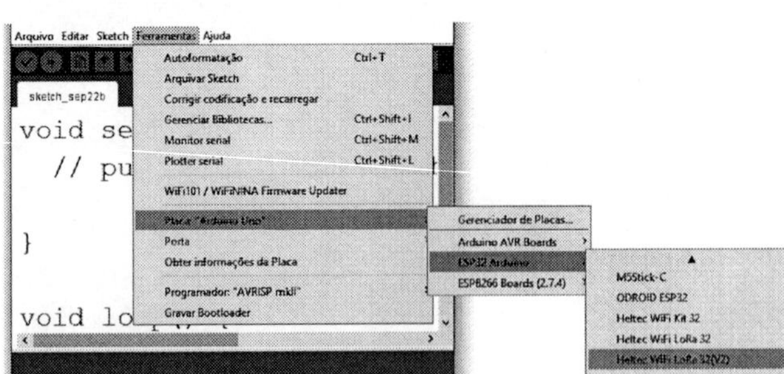

Figura 5.3: Selecionando a placa da Heltec.

5.2. O LED do ESP32 LoRa

O LED soldado à placa do ESP32 LoRa é conectado ao GPIO 25. Portanto, o *sketch blink* para essa placa pode ser mostrado no Exemplo 5.1.

Exemplo 5.1 — LED do LoRa. O Blink para o ESP32 LoRa.

```
#define LED 25
void setup(){
   pinMode(LED,OUTPUT);
}
void loop(){
   digitalWrite(LED,HIGH);
   delay(1000);
   digitalWrite(LED,LOW);
   delay(1000);
}
```

■

Como já foi visto, o algoritmo anterior não otimiza todo o potencial do ESP32 e do sistema operacional *FreeRTOS*. Uma versão mais inteligente, utilizando *tasks*, já foi visto no Capítulo 3.

5.3. O display OLED

O display OLED, do inglês *organic light-emitting diode* é uma tela que possui 0,96 polegadas, com resolução 128x64 (128 colunas por 64 linhas).Trata-se de uma tela que, ao contrário do LCD (*liquid crystal display*), são emissoras de luz. Isso traz mais conforto na leitura.

Devemos utilizar a biblioteca **SSD1306.h**, como mostrado na Figura 5.4.

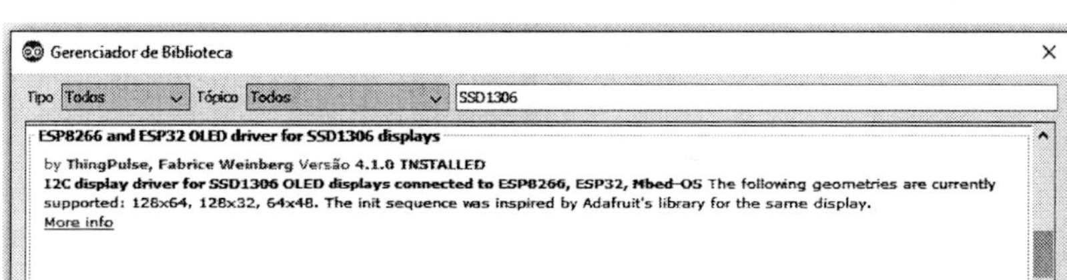

Figura 5.4: A biblioteca do display OLED do ESP32 LoRa.

Uma observação experimental que devemos deixar registrada para o projetista que lê esta obra é que o display OLED funciona melhor quando há alta prioridade em sua *task*. Sempre que utilizar *tasks*, a inicialização do OLED deve ser colocada no *core* em que sua *task* estiver funcionando. Logo, na própria *task* do OLED, antes de *while(1)*, inicie o OLED, não deixando este processo ser realizado no *setup*.

Se inicializado no *setup*, utilize o OLED no *core 1*. Neste caso, ao tentarmos escrever no OLED a partir do *core 0*, obteremos erros na escrita no OLED.

Por estar instalado no módulo, é recomendado não utilizar os pinos comprometidos com o OLED e com o rádio LoRa. A tela OLED utiliza três pinos do ESP32 LoRa, que são: GPIO_NUM_4, GPIO_NUM_15 e GPIO_NUM_16. O Exemplo 5.2 demonstra como trabalhar com o OLED.

Exemplo 5.2 — OLED do LoRa. Utilizando o OLED do ESP32 LoRa.

```
#include "SSD1306.h"
#define PIN_OLED_RESET 16
SSD1306 display(0x3c, 4, 15);

void setup() {
  pinMode(PIN_OLED_RESET,OUTPUT);
  digitalWrite(PIN_OLED_RESET, LOW);
  delay(50);
  digitalWrite(PIN_OLED_RESET, HIGH);
  display.init();
  display.flipScreenVertically();
  display.setFont(ArialMT_Plain_16);
  display.clear(); //Limpa a tela
  display.drawString(0, 0, "Hello World!");
  display.display();
  delay(4000);
}
void loop() {
  int ad = analogRead(36);
  display.clear();
  display.setTextAlignment(TEXT_ALIGN_LEFT);
  display.setFont(ArialMT_Plain_16);
  display.drawString(0, 0, "Valor AD: "+String(ad));
  display.setFont(ArialMT_Plain_10);
  display.drawString(0, 25, "Valor AD: "+String(ad));
  display.display();
  delay(1000);
}
```

■

O display OLED será detalhado na Parte IV deste livro.

5.4. Frequências do LoRa no Brasil

HÁ pelo menos duas empresas que fabricam o ESP32 LoRa: a TTGO e a Heltec. Cada uma delas produz dispositivos de duas larguras de bandas diferentes: de 433 MHz e de 868-915 MHz. A diferença entre as frequências decorre do projeto das antenas dos dispositivos. Podemos comunicar, por rádio LoRa, dispositivos das duas empresas, desde que estes estejam configurados na mesma frequência.

No Brasil, recomenda-se utilizar o rádio de 868-915 MHz, uma vez que a ANATEL estabeleceu uma faixa de frequência livre entre 902 MHz e 907,5 MHz. Outra faixa livre encontra-se entre 915 MHz e 928 MHz, mas a atenuação do sinal pode ser maior.

5.5. O transceptor LoRa

A rede LoRa (*Long Range*) é uma tecnologia de transmissão sem fio em baixa potência. Com antenas de alto ganho e em linha de visada, o alcance de comunicação pode ser superior a 10 km. Como vantagens, o rádio LoRa apresenta três: alcance longo, baixo consumo e baixo custo. Por outro lado, é um rádio com baixa taxa de transmissão, não sendo viável a transferência de grande fluxo de dados, mas perfeito para o envio de informações, como a de sensores e de acionamentos remotos.

Ao trabalhar com pelo menos duas placas tentando comunicar-se, recomendamos trabalhar preferencialmente com dois computadores. Na impossibilidade de duas máquinas, utilize um carregador de celular para alimentar uma das placas. Para iniciarmos, vamos começar com um algoritmo que enviará uma mensagem de texto, ao passo que o algoritmo receptor escreverá a mensagem recebida tanto no OLED quanto na porta serial.

Vejamos, nesse momento, como transmitir e receber dados utilizando o LoRa. Em primeiro lugar, devemos utilizar as bibliotecas **SPI.h** e **LoRa.h**.

```
#include <SPI.h>
#include <LoRa.h>
```

Em seguida, devemos definir os pinos utilizados pela placa, como visto a seguir.

```
#define SCK     5   // GPIO5  -- SX127x's SCK
#define MISO    19  // GPIO19 -- SX127x's MISO
#define MOSI    27  // GPIO27 -- SX127x's MOSI
#define SS      18  // GPIO18 -- SX127x's CS
#define RST     14  // GPIO14 -- SX127x's RESET
#define DI00    26  // GPIO26 -- SX127x's IRQ
```

No **void setup**, devemos inicializar o rádio por meio dos comandos:

```
SPI.begin(SCK,MISO,MOSI,SS);
LoRa.setPins(SS,RST,DI00);
if (!LoRa.begin(FREQUENCIA_HZ)) {
  //Falha de LoRa
}
LoRa.enableCrc();
```

Para transmitir o pacote de dados, podemos utilizar os comandos.

```
LoRa.beginPacket();   //inicia a transmissao dos dados
LoRa.print(dados1);
LoRa.print(dados2);
LoRa.print(dados3);
LoRa.write(caractere); //envio de um byte
...
LoRa.endPacket();//Finaliza a transmissao do pacote
```

Para receber dados, podemos utilizar:

```
uint16_t tam = LoRa.parsePacket();
for (uint16_t i = 0; i < tam; i++){
  char x = (char)LoRa.read();
  ...
}
```

Uma ferramenta importante do LoRa é que o receptor pode detectar a potência de recepção do sinal.

```
String rssi = LoRa.packetRssi();
```

O Exemplo 5.3 mostra a transmissão e a recepção de dois ESP32 LoRa. Para facilitar o entendimento, neste exemplo não utilizaremos o display OLED.

Exemplo 5.3 — OLED do LoRa. Utilizando o OLED do ESP32 LoRa.

ESP32 LoRa - Transmissor

```
#include <SPI.h>
#include <LoRa.h>

#define SCK     5    // GPIO5  -- SX127x's SCK
#define MISO    19   // GPIO19 -- SX127x's MISO
#define MOSI    27   // GPIO27 -- SX127x's MOSI
#define SS      18   // GPIO18 -- SX127x's CS
#define RST     14   // GPIO14 -- SX127x's RESET
#define DI00    26   // GPIO26 -- SX127x's IRQ
#define FREQUENCIA_HZ 905E6

void setup() {
  pinMode(25,OUTPUT);
  Serial.begin(115200);
  SPI.begin(SCK,MISO,MOSI,SS);
  LoRa.setPins(SS,RST,DI00);
  if (!LoRa.begin(FREQUENCIA_HZ)) {
    Serial.println("Falha de LoRa");
  }
  LoRa.enableCrc();
  delay(500);
}

void loop() {
  digitalWrite(25,1);
  int ad = analogRead(GPIO_NUM_36);
  Serial.println(ad);
  LoRa.beginPacket();
  LoRa.print(ad);
  LoRa.endPacket();
  delay(100);
  digitalWrite(25,0);
  delay(2000);
}
```

ESP32 LoRa - Receptor

```
#include <SPI.h>
#include <LoRa.h>
#define SCK     5    // GPIO5  -- SX127x's SCK
#define MISO    19   // GPIO19 -- SX127x's MISO
#define MOSI    27   // GPIO27 -- SX127x's MOSI
#define SS      18   // GPIO18 -- SX127x's CS
#define RST     14   // GPIO14 -- SX127x's RESET
#define DI00    26   // GPIO26 -- SX127x's IRQ
#define FREQUENCIA_HZ 905E6
void setup() {
  pinMode(25,OUTPUT);
  Serial.begin(115200);
  SPI.begin(SCK,MISO,MOSI,SS);
  LoRa.setPins(SS,RST,DI00);
  if (!LoRa.begin(FREQUENCIA_HZ)) {
    Serial.println("Falha de LoRa");
  }
  LoRa.enableCrc();
  delay(500);
}
void loop() {
  uint16_t tam = LoRa.parsePacket();
  if (tam>0){
    digitalWrite(25,1);
    for (uint16_t i = 0; i < tam; i++){
      char x = (char)LoRa.read();
      Serial.write(x);
    }
    delay(100);
    digitalWrite(25,0);
    delay(2000);
  }
}
```

■

5.6. Ajuste da potência de transmissão

PARA reduzir o consumo ou mesmo para aumentar a distância entre os dispositivos, a potência de transmissão do rádio LoRa pode ser controlada por meio do comando a seguir:

```
LoRa.setTxPower(POTENCIA);
```

O valor de **POTENCIA** assume valores entre 2 e 20 (dBm), tendo como valor padrão 17 dBm. Para efeito de compreensão da variação entre potência de transmissão na recepção, realizamos um experimento, deixando dois ESP LoRa a uma distância de 60 cm entre os dois, em que variamos a potência do transmissor e obtendo a potência de recepção do segundo dispositivo. Podemos ver os resultados na Tabela 5.1. Nela, vemos na coluna 1 a potência de transmissão e, na coluna 2, a potência recebida. À medida que a potência de transmissão aumenta, a potência recebida aumenta, permitindo que a distância entre os rádios aumente.

Tabela 5.1: Potência de transmissão e de recepção do sinal a 60 cm.

Potência Tx	Potência Rx
2	-44
6	-38
10	-34
14	-30
20	-27

Outro experimento consistiu em detectar o menor valor de potência recebida, variando-se a distância entre os dois ESP32 LoRa. O menor sinal conseguido experimentalmente foi de -121 dBm.

Vejamos como utilizar e configurar a potência do sinal no Exemplo 5.4.

Exemplo 5.4 — LoRa. Utilizando o rádio do ESP32 LoRa.

```
void setup() {
  pinMode(25,OUTPUT);
  Serial.begin(115200);
  SPI.begin(SCK,MISO,MOSI,SS);
  LoRa.setPins(SS,RST,DI00);
  if (!LoRa.begin(FREQUENCIA_HZ)) {
    Serial.println("Falha de LoRa");
  }else{
    LoRa.setTxPower(2); //Regula potencia para 2 dBm
  }
  LoRa.enableCrc();
  delay(500);
}

```

■

5.7. Soldagem

A placa ESP32 LoRa, da Heltec, precisa que seus pinos sejam soldados, exigindo uma certa habilidade. Para diminuir um pouco a dificuldade nesta tarefa, você pode deixar de soldar os pinos embaixo do cabo *flat*, que está conectado ao OLED, uma vez que é recomendável não utilizar esses pinos em seus projetos. Dessa forma, você pode evitar que esse cabo seja atingido pela ponta do ferro de solda, o que pode inabilitar o OLED.

5.8. Exemplo de projeto com biblioteca

VAMOS mostrar um exemplo simples em que um ESP32 LoRa controla o acionamento do LED de outros ESP32 LoRa. O comando será enviado por meio de um protocolo de comunicação que transmite três campos: *dispositivo*, *endereço* e *dado*. O primeiro campo se caracteriza por um caractere alfanumérico; o segundo, um valor entre 0 e 255, transmitido em três bytes; por último, o terceiro campo se caracteriza por suportar um valor entre 0 a 65535, transmitido em cinco bytes.

Ao utilizar esse protocolo, mesmo que vários rádios possam estar configurados com a mesma frequência, podemos utilizá-lo para a comunicação de dois ou mais rádios, haja vista que o pacote pode ser endereçado a apenas um rádio específico, por meio do campo *dispositivo*. Desde que os rádios não transmitam ao mesmo tempo (causando sobreposição do sinal), podemos endereçar o pacote para que cada rádio saiba se o pacote foi enviado àquele dispositivo ou a outro.

Exemplos do pacote podem ser vistos a seguir.

dispositivo: a **endereço**: 120 **dado**: 12534

O **pacote** criado automaticamente será: [a120:12534]

dispositivo: Z **endereço**: 1 **dado**: 0

O **pacote** criado automaticamente será: [Z001:00000]

Vejamos o Exemplo 5.5.

Exemplo 5.5 Desenvolva um *sketch* em que controle o acendimento do LED de pelo menos um ESP32 por meio do protocolo apresentado, utilizando o LoRa.

RESP: Serão utilizados três ESP32 LoRa, um dispositivo mestre e dois dispositivos escravos. Utilizaremos o campo **dispositivo** para identificar qual o rádio. Nesse campo, o dispositivo mestre terá o endereço 'A', ao passo que os dispositivos escravos serão chamados de 'a' e 'b'. Já o campo *endereço* não tem utilidade neste exemplo, sendo enviado com o valor 0. Quanto ao campo *dado*, enviaremos o valor 1 ou 0, para ligar ou desligar o LED, respectivamente, cujo valor será obtido a partir da leitura do pino 36 do ESP32 LoRa mestre.

LoRa mestre

```
#include <protocoloLoRaCRB.h>
#define DEVICE 'A'
float FREQUENCIA_HZ = 915E6;
protocoloLoRa radio;
void setup() {
  Serial.begin(115200);
  pinMode(25,OUTPUT);
  pinMode(36,INPUT_PULLUP);
  radio.begin(FREQUENCIA_HZ);
}
void loop() {
  if(Serial.available()>0){
    byte x = Serial.read();
    bool estadoLED = digitalRead(36);
    if(x!=0xA){
      radio.transmit(x,0,estadoLED);
    }
  }
  radio.read();
  if(radio.isReady()){
    if(radio.device==DEVICE){
      Serial.println(radio.device);
      Serial.println(radio.address);
      Serial.println(radio.data);
      digitalWrite(25,true);
      delay(500);
      digitalWrite(25,false);
    }
  }
}
```

No *sketch* acima, ao escrever, no monitor serial, o caractere correspondente ao dispositivo escravo, haverá a leitura do pino 36, enviando essa informação ao respectivo dispositivo. Em outras palavras, pode-se acender ou apagar o LED de cada dispositivo escravo, individualmente. Recebe-se, também, a confirmação do pacote. É importante perceber que, mesmo todos os dispositivos funcionando com a mesma frequência, não haverá interferência entre eles, uma vez que o controle do fluxo de dados é realizado pelo dispositivo mestre.

LoRa escravo

```
#include <protocoloLoRaCRB.h>
#define DEVICE 'a' //Mudar aqui para outro
float FREQUENCIA_HZ = 915E6;
protocoloLoRa radio;
void setup() {
  pinMode(25,OUTPUT);
  Serial.begin(115200);
  radio.begin(FREQUENCIA_HZ);
}
void loop() {
  radio.read();
  if(radio.isReady()){
    if(radio.device==DEVICE){
      bool x = radio.data;
      radio.transmit('A',101,x);
      digitalWrite(25,x);
    }
  }
}
```

No *sketch* acima, ao receber o pacote endereçado ao dispositivo, liga-se ou desliga-se o LED, enviando uma confirmação ao dispositivo mestre (dispositivo A), com o campo *endereço* modificado para 101, apenas para diferenciar do valor enviado (0). O campo *endereço* poderia ser utilizado para identificar o GPIO de acionamento, como por exemplo o GPIO25, como é visto no Problema 5.5. ■

A biblioteca desenvolvida pode ser vista a seguir.

Arquivo cpp

```
#include <protocoloLoRaCRB.h>
#include <Arduino.h>
#include <SPI.h>
#include <LoRa.h>
#define SCK     5
#define MISO    19
#define MOSI    27
#define SS      18
#define RST     14
#define DI00    26
```

```
void protocoloLoRa::begin(float frequencia){
  SPI.begin(SCK,MISO,MOSI,SS);
  LoRa.setPins(SS,RST,DI00);
  if (!LoRa.begin(frequencia)) {
    Serial.println("Falha em LoRa");
    ESP.restart();
  }
  LoRa.enableCrc();
  _flag = 0;
  _ready=false;
}
void protocoloLoRa::read(){
  int tam = LoRa.parsePacket();
  for (int i = 0; i < tam; i++) {
    uint8_t x = (char)LoRa.read();
    if(x=='['){
      _flag=1;
      _i=0;
    }else{
      if(x==']'){
        if((_flag==1)&&(_i==10)){
          _flag=2;
          _ready = true;
          device = _validacao[0];
          address = StrToByte(&_validacao[1]);
          data = StrToUnsigned(&_validacao[5]);
        }else{
          _flag=0;
        }
      }else{
        if((_flag==1)&&(_i<11)){
          _validacao[_i]=x;
          _i++;
        }else{
          _flag=0;
        }
      }
    }
  }
}
protocoloLoRa::protocoloLoRa(){
  _ready = false;
  _flag = false;
}
```

```
protocoloLoRa::~protocoloLoRa(){

}
void protocoloLoRa::transmit(byte dispositivo,
byte endereco, uint16_t num){
  char digitos[3];
  byte valor[5];
  ByteToStr(digitos, endereco);
  unsignedToStr(valor,num);
  LoRa.beginPacket();
  LoRa.write('[');
  LoRa.write(char(dispositivo));
  LoRa.write(char(digitos[2]));
  LoRa.write(char(digitos[1]));
  LoRa.write(char(digitos[0]));
  LoRa.write(':');
  LoRa.write(char(valor[4]));
  LoRa.write(char(valor[3]));
  LoRa.write(char(valor[2]));
  LoRa.write(char(valor[1]));
  LoRa.write(char(valor[0]));
  LoRa.write(']');
  LoRa.endPacket();
}
void protocoloLoRa::setTxPower(uint8_t power){
  power = constrain(power,0,20);
  LoRa.setTxPower(power);
}
void protocoloLoRa::unsignedToStr(uint8_t *x,
uint16_t numero){
  uint8_t i=0;
  uint16_t n = numero;
  while(n>=10){
    x[i] = (n%10 + 0x30);
    i++;
    n/=10;
  }
  x[i] = (n + 0x30);
  i++;
  while(i<5){
    x[i] = 0x30;
    i++;
  }
}
```

```
uint8_t protocoloLoRa::StrToByte(uint8_t *Caracteres){
  return((Caracteres[0]-0x30)*100+
    (Caracteres[1]-0x30)*10+
    Caracteres[2]-0x30);
}
uint16_t protocoloLoRa::StrToUnsigned(uint8_t
*Caracteres){
  uint16_t n;
  uint8_t i;
  n=0;
  n=(Caracteres[0]-0x30)*10000+
  (Caracteres[1]-0x30)*1000+
  (Caracteres[2]-0x30)*100+
  (Caracteres[3]-0x30)*10+
  (Caracteres[4]-0x30);
  return(n);
}
void protocoloLoRa::ByteToStr(char *Digitos,
byte Numero){
  if(Numero<10){
    Digitos[2]='0';
    Digitos[1]='0';
    Digitos[0]=Numero+0x30;
  }else{
    if(Numero<100){
      Digitos[2]='0';
      Digitos[1]=Numero/10+0x30;
      Digitos[0]=Numero%10+0x30;
    }else{
      Digitos[2]=Numero/100+0x30;
      if(Digitos[2]=='1'){
        Numero = Numero-100;
      }else{
        Numero = Numero-200;
      }
      Digitos[1]=Numero/10+0x30;
      Digitos[0]=Numero%10+0x30;
    }
  }
}
bool protocoloLoRa::isReady(){
  bool x = _ready;
  _ready=false;
  rxPower = LoRa.packetRssi();
  return(x);
}
```

Arquivo h

```
#ifndef _protocoloLoRaCRB
#define _protocoloLoRaCRB
#include <Arduino.h>
class protocoloLoRa
{
public:
  //void setup()
  protocoloLoRa();
  ~protocoloLoRa();
  void begin(float frequencia);//construtor
  //void loop()
  bool isReady();
  void setTxPower(uint8_t power);
  void transmit(byte dispositivo ,byte endereco,
uint16_t num);
  void read();
  String rxPower;
  ////
  uint8_t device;
  uint8_t address;
  uint16_t data;
private:
  void ByteToStr(char *Digitos, byte Numero);
  void unsignedToStr(uint8_t *x,
  uint16_t numero);
  uint16_t StrToUnsigned(uint8_t *Caracteres);
  uint8_t StrToByte(uint8_t *Caracteres);
  uint8_t _flag;
  uint8_t _validacao[10];
  uint8_t _i;
  bool _ready;
};
#endif
```

Além do mostrado no Exemplo 5.5, a biblioteca permite o ajuste de potência de transmissão por meio do comando *setTxPower*. Permite, também, verificar a potência de recepção, por meio da *String rxPower*, que pode ser impressa no OLED.

5.9. Problemas

Problema 5.1 Cite as principais funções do ESP32 LoRa.

Problema 5.2 Monte o circuito da Figura 5.5. Utilize o display OLED do ESP32

LoRa para escrever o valor do conversor AD, mostrando seu correspondente percentual numa barra de progressão, com atualização da tela a cada 1 segundo.

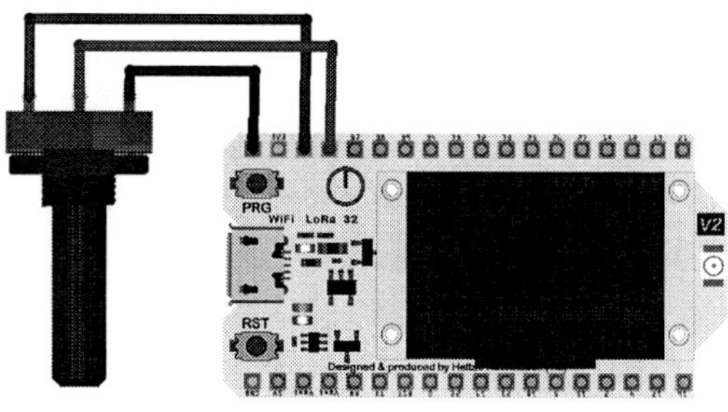

Figura 5.5: Circuito do Problema 5.2.

Problema 5.3 Utilize a *task* da questão anterior para escrever no OLED pelo núcleo 0.

Problema 5.4 Desenvolva um *sketch* que ligue ou desligue o LED de um ESP32 LoRa remotamente utilizando o rádio LoRa. Para isso, o ESP32 LoRa transmissor deve enviar qualquer caractere escrito no Monitor Serial. O receptor, ao receber o caractere **a**, deve ligar o LED do pino 25; ao receber o caractere **b**, deve desligar o LED do pino 25. A tela do transmissor deve imprimir o caractere transmitido. Imprimir no OLED do receptor o caractere recebido e a potência do sinal. Use *tasks* para imprimir no OLED e para o LoRa.

Problema 5.5 Desenvolva um *sketch* em que o dispositivo LoRa, conectado ao Monitor Serial de um computador, receba o estado de 2 botões e de 2 conversores AD de outro dispositivo LoRa. Cada uma dessas informações deve ser enviada a cada 10 segundos. Use filtro digital *Passa-Baixas* para a leitura dos sinais dos conversores AD. Cada circuito transmissor pode ser visto na Figura 5.6. O ESP LoRa receptor deve estar conectado ao computador, com o Monitor Serial aberto.

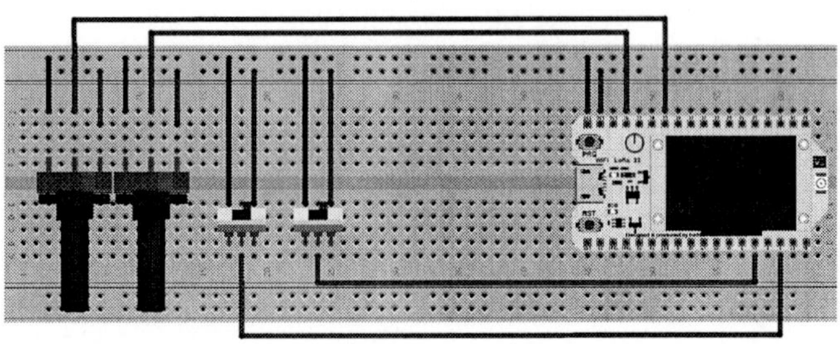

Figura 5.6: Circuito transmissor do Problema 5.5.

6 Módulo WiFi do ESP32

UMA ferramenta muito interessante do ESP32 é o módulo *WiFi*. Ele permite com que o seu projeto possa enviar ou receber dados remotamente, uma vez que a placa esteja conectada à internet. Vários projetos podem ser implementados para monitorar ou controlar sistemas, por meio da internet.

Para sistemas embarcados, o HTTP não é muito recomendado por ser um protocolo com um cabeçalho grande, além de necessitar de comunicação constante, possibilitando o congestionamento da rede e exigindo maior processamento, diminuindo o desempenho do microcontrolador.

Para os sistemas embarcados, um dos protocolos mais interessantes é o MQTT (*Message Queuing Telemetry Transport*). Neste, há o publicador ou (*publisher*), que normalmente nos nossos projetos será o ESP32. O gerenciador da comunicação é o chamado *broker*. O cliente é chamado de assinante, *subscriber* ou *consumer*. Este protocolo foi criado no final da década de 1990, desenvolvido de forma a exigir pouco processamento e também a necessitar de baixa largura de banda, sendo, portanto, um dos protocolos mais adequados para sistemas embarcados. A Figura 6.1 mostra como um ESP32 pode enviar dados pela internet.

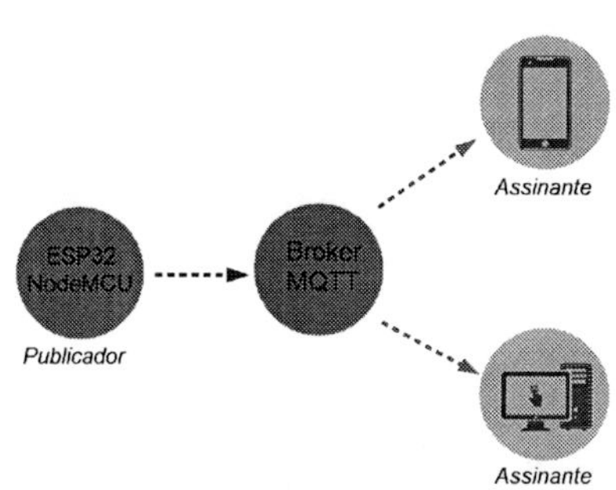

Figura 6.1: O ESP32 como *publisher*.

O ESP32 também pode ser um assinante. A Figura 6.2 mostra um ESP32 ou ESP8266 recebendo comandos ou dados pela internet.

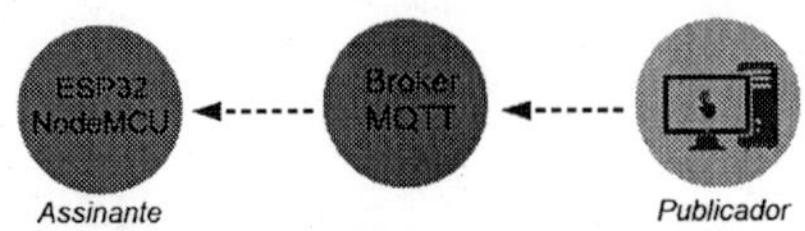

Figura 6.2: O ESP32 como *subscriber*.

6.1. Noções sobre o MQTT

O MQTT é um protocolo para troca de mensagens entre máquinas (M2M - *Machine to Machine*), utilizando pacotes pequenos em suas trocas de mensagens, necessitando de *hardware* simples, o que torna o protocolo ideal para sistemas embarcados. Antes de mostrarmos o funcionamento do MQTT, precisamos apresentar os principais aspectos relacionados a esse protocolo. O conteúdo publicado precisa de um **tópico**, que identifica o assunto da publicação. A informação propriamente dita é chamada de **payload**.

Os protocolos são servidos através de portas. As portas para o MQTT são 1883 e 8883. A primeira é oferecida sem criptografia, sendo mais utilizada para testes e prototipação. A segunda oferece encriptação, sendo utilizada em produtos comerciais.

Um mesmo dispositivo pode ser um *publisher* e *subscriber* de tópicos diferentes. Por exemplo, um dispositivo pode publicar um tópico chamado *temperatura* e ao mesmo tempo assinar um tópico chamado *umidade*, publicado por outro dispositivo. Em outras palavras, o *publisher* corresponde a um transmissor e o *subscriber* corresponde ao receptor.

6.2. Quality of Service (QoS)

QUALIDADE de serviço (QoS) no protocolo de mensagens MQTT é um acordo entre remetente (*publisher*) e destinatário (*subscriber*) com relação à garantia de entrega de uma mensagem. Há três tipos de qualidade de serviço: QoS = 0, QoS = 1 e QoS = 2. Vejamos cada um deles.

6.2.1 QoS = 0 - No máximo, uma vez

Esta é a configuração mais simples. A mensagem é entregue uma única vez, ou nem mesmo chegará, devido à ausência de confirmação da mensagem, sendo, portanto, a configuração menos confiável.

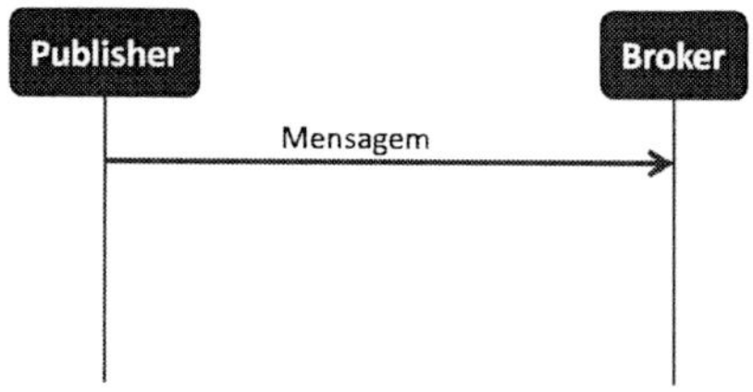

Figura 6.3: Mensagens envolvidas com QoS 0.

6.2.2 QoS = 1 - No mínimo, uma vez

É o modo de configuração padrão. Esta configuração garante que a mensagem seja entregue pelo menos uma vez. Há duas mensagens enviadas: uma pelo emissor, que aguarda a confirmação da recepção da mensagem. Se não receber a confirmação, o emissor enviará novamente a mensagem, possibilitando que o receptor receba a mensagem mais de uma vez.

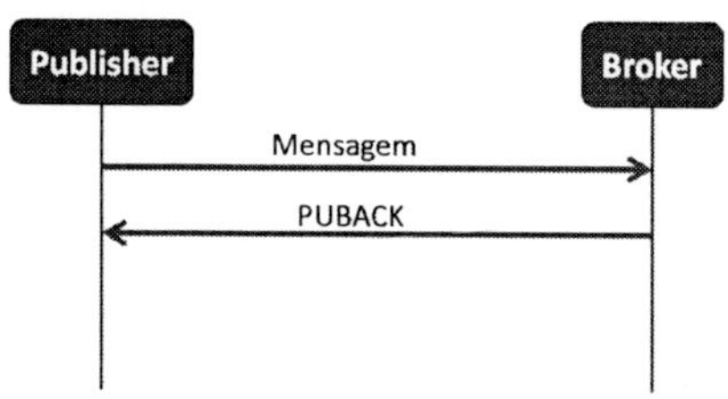

Figura 6.4: Mensagens envolvidas com QoS 1.

6.2.3 QoS = 2 - Exatamente uma vez

Este é o modo mais seguro, garantindo que chegue a mensagem uma única vez. Este modo também é o mais lento, como visto na Figura 6.5.

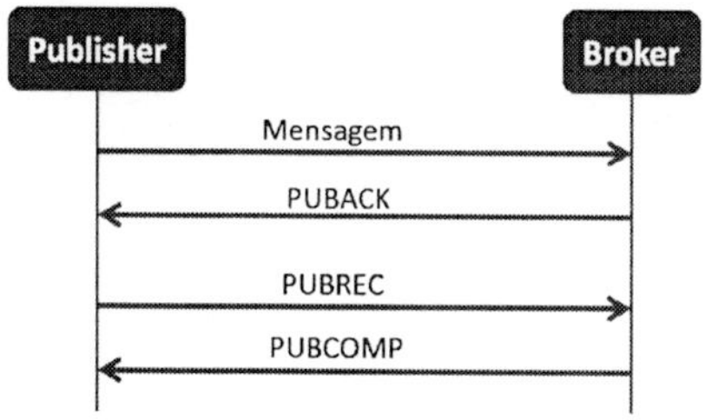

Figura 6.5: Mensagens envolvidas com QoS 2.

6.3. Broker

O broker é um elemento essencial no que tange o MQTT. Existem diversos brokers, sendo o **Mosquitto** um dos mais famosos. O broker é o elemento que envolve maior processamento, uma vez que é o elemento centralizador da arquitetura *publisher* e *subscriber*. O *broker* é o responsável por receber todas as mensagens geradas pelos publicadores (*publishers*), filtrá-los e enviar todas as mensagens aos assinantes de cada um dos tópicos. Em razão disso, é o elemento de maior processamento, impedindo o ESP32 de ser uma plataforma em que seja instalado um *broker*, exigindo um hardware com maior poder de processamento.

Existem diversos serviços na internet de *brokers* que utilizam a implementação **Eclipse Mosquitto**, tais como:

`aws.amazona.com/iot`,
`azure.microsoft.com`,
`www.hivemq.com`,
`cloudmqtt.com` e
`io.adafruit.com`.

Nos próximos capítulos veremos como desenvolver pequenos projetos utilizando o ESP32 e MQTT.

6.4. Obtenção do horário GMT

ANTES de finalizarmos o capítulo e iniciarmos o estudo sobre plataformas que utilizam o MQTT, vamos utilizar um algoritmo que se conecta à internet para obter o horário, de acordo com o GMT (*Greenwich Mean Time*). A biblioteca utilizada é a *Time.h*. O *sketch* a seguir mostra como pode ser usada, lembrando que no Brasil, o nosso horário é de 3 horas atrasado (GMT-3), valor este corrigido na linha 3 do *sketch* a seguir, que foi modificado para obtenção dos valores de data e hora individuais.

O *sketch* original pode ser encontrado no IDE, em:
`Arquivo/Exemplos/ESP32/Time/SimpleTime`

```
1 #include <WiFi.h>
2 #include "time.h"
3 #define AJUSTE_HORA -3 //GMT-Brasil -> -3
4 byte dataHora_dia;
5 byte dataHora_mes;
6 int  dataHora_ano;
7 byte dataHora_hor;
8 byte dataHora_min;
9 byte dataHora_seg;
```

```
const char* ssid         = "NOME_ROTEADOR"; //Mudar aqui
const char* password     = "SENHA_ROTEADOR"; //Mudar aqui

const char* ntpServer = "pool.ntp.org";
const long  gmtOffset_sec = 0;
const int   daylightOffset_sec = 0;

void setup(){
  Serial.begin(115200);
  Serial.println("Conectando ao "+String(ssid));
  WiFi.begin(ssid, password);
  while(WiFi.status()!=WL_CONNECTED){
    delay(500);
    Serial.print(".");
  }
  Serial.println("CONECTADO!");
  configTime(gmtOffset_sec,daylightOffset_sec,ntpServer);
  getDataHora();
  WiFi.disconnect(true);
  WiFi.mode(WIFI_OFF);
}

void loop(){
  delay(1000);
  getDataHora();
  Serial.println("Data: "+String(dataHora_dia)+
    "/"+String(dataHora_mes)+
    "/"+String(dataHora_ano));
  Serial.println("Hora:"+String(dataHora_hor)+
    ":"+String(dataHora_min)+
    ":"+String(dataHora_seg));
}
void getDataHora(){
  struct tm timeinfo;
  if(!getLocalTime(&timeinfo)){
    Serial.println("Falha em obter Data e Hora!");
  }else{
    dataHora_hor = timeinfo.tm_hour + AJUSTE_HORA;
    dataHora_min = timeinfo.tm_min;
    dataHora_seg = timeinfo.tm_sec;
    dataHora_dia = timeinfo.tm_mday;
    dataHora_mes = timeinfo.tm_mon + 1;
    dataHora_ano = timeinfo.tm_year +1900;
  }
}
```

O *sketch* mostrado conecta-se à internet, recebe o horário do GMT, adequando-o ao horário do Brasil ao subtrair em 3 a hora. Após conectar-se à internet e atualizar a data e a hora, o *sketch* desconecta-se da internet, funcionando devido ao RTC *Real Time Clock* do ESP32.

7 O broker da CloudMQTT

VEJAMOS como funciona um servidor MQTT. Este servidor (*broker*) pode ser acessado através do site: `https://www.cloudmqtt.com/`. Para utilizá-lo, você deve se inscrever gratuitamente, a partir de um e-mail válido e uma senha. Vamos utilizar o servidor **CloudMQTT**. Na Figura 7.1 podemos ver como criar uma conta no servidor.

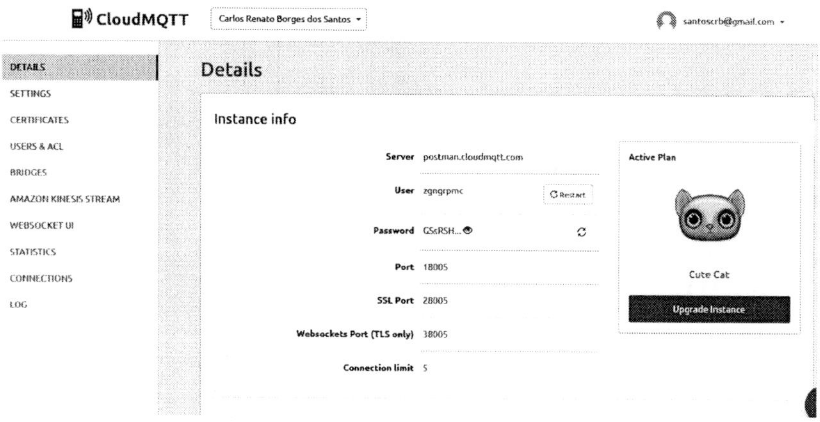

Figura 7.1: Usando o CloudMQTT.

Finalmente, após criarmos uma conta num servidor MQTT, vamos aprender a construir o *sketch* do ESP32. O algoritmo a seguir conecta o ESP32 ao roteador, após isso, ao servidor MQTT, publicando o tópico **temperatura** e assinando o tópico **LED**. Relembrando o que vimos no Capítulo 1 e no Capítulo 2, foi criada uma *task* para publicar o tópico **temperatura**, sendo enviado a cada 60 segundos. Quanto ao tópico **LED**, este é recebido pelo servidor MQTT, cuja janela é mostrada na Figura 7.2, utilizando a paleta **WEBSOCKET UI**, visto à esquerda da janela.

```
#include <WiFi.h>
#include <PubSubClient.h>
#define LED 2
//roteador WIFI
const char* ssid = "SSID_roteador";  //SSID rede WIFI
const char* password = "senha_roteador";//senha wifi
/*informacoes do broker MQTT dadas pelo
CloudMQTT: Ver Figura*/
const char* mqttServer = "MQTT_Server";//Item1
const int mqttPort = Port; //Item2
const char* mUser = "MQTT_user";//Item3
const char* mPass = "MQTT_password";//Item4
const char* mqttTopicSub ="LED"; //topico subscrito
WiFiClient espClient;
PubSubClient client(espClient);
void setup() {
  Serial.begin(115200);
  pinMode(LED, OUTPUT);
  digitalWrite(LED, LOW);
  WiFi.begin(ssid, password);
  while (WiFi.status() != WL_CONNECTED){
    delay(500);
    Serial.println("Conectando ao WiFi...");
  }
  Serial.println("Conectado a rede WiFi");
  client.setServer(mqttServer, mqttPort);
  client.setCallback(callback);
  while (!client.connected()) {
    Serial.println("Conectando ao Broker MQTT...");
    if (client.connect("ESP32Client",mUser,mPass)){
      Serial.println("Conectado ao Broker");
    }else{
      Serial.print("falha...");
      Serial.print(client.state());
      delay(2000);
    }
  }
  client.subscribe(mqttTopicSub);
  delay(1000);
  xTaskCreate(TaskPublish,"TaskPublish",8192,
  NULL,2,NULL);
  disableCore0WDT();
  disableCore1WDT();
}
```

```
void loop() {
  if (!client.connected()) {
    reconect();
  }
  client.loop();
}

void callback(char* topic,byte* payload,uint32_t length)
{
  payload[length] = '\0';
  String strMSG = String((char*)payload);
  Serial.print("Topico: ");
  Serial.println(topic);
  Serial.print("Mensagem:");
  Serial.println(strMSG);
  Serial.println("-----------------");
  if (strMSG == "1"){
    digitalWrite(LED, HIGH);
  }
  if (strMSG == "0"){
    digitalWrite(LED, LOW);
  }
}

void reconect() {
  while (!client.connected()) {
    Serial.print("Tentando conectar ao servidor MQTT");
    bool conectado = strlen(mUser) > 0 ?
    client.connect("ESP32Client", mUser, mPass) :
    client.connect("ESP32Client");
    if(conectado) {
      Serial.println("Conectado ao MQTT!");
      client.subscribe(mqttTopicSub, 1); //QoS 1
    } else {
      Serial.println("Falha durante a conexao. Code: ");
      Serial.println( String(client.state()).c_str());
      Serial.println("Tentando novamente em 12 s");
      delay(12000);
    }
  }
}
```

```
void TaskPublish(void * p){
  String tx;
  char tt[10];
  while(1){
    tx = String(analogRead(GPIO_NUM_36));
    int n = tx.length();
    for(int i=0;i<n;i++){
      tt[i]=tx[i];
    }
    client.publish("temperatura",tt);
    delay(60000);
    Serial.println("Publicando topico temperatura");
    Serial.println(tt);
  }
}
```

Na Figura 7.2, a palheta **WEBSOCKET UI** permite-nos publicar uma mensagem com determinado *tópico*. Também permite com que vejamos as mensagens publicadas pelo ESP32, desde que este esteja conectado à internet.

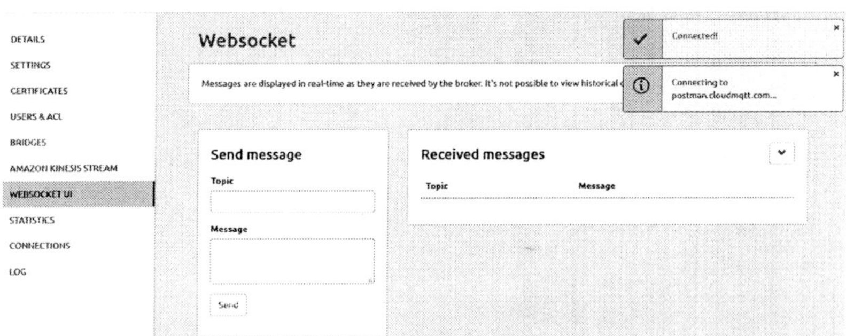

Figura 7.2: Usando o CloudMQTT como broker.

Antes de gravar no ESP32, modifique os parâmetros do *sketch* na página 86:

- linha 5: **SSID_roteador** → SSID do roteador;
- linha 6: **senha_roteador** → Senha do roteador;
- linha 9: **MQQT_Server** → substituir pela palavra apontada por **Item 1**, visto na Figura 7.3;
- linha 10: **Port** → substituir pelo valor apontado por **Item 2**, visto na Figura 7.3 (OBS: este é o único campo que não é uma *String*, mas sim um número inteiro), portanto não use aspas nesse campo;

- linha 11: **MQQT_user** $\rightarrow$ substituir pela palavra apontada por **Item 3**, como visto na Figura 7.3;
- linha 12: **MQQT_password** $\rightarrow$ substituir pela palavra apontada por **Item 4**, como visto na Figura 7.3.

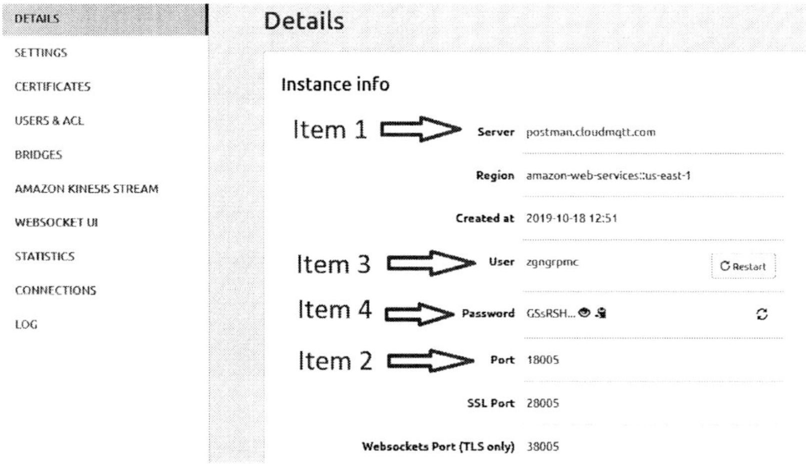

Figura 7.3: Capturando os dados do CloudMQTT para o sketch.

Após realizar as alterações do roteador e de sua conta no *CloudMQTT*, grave o *sketch* no ESP32. No monitor serial aparecerão as informações de conexão ao *WiFi* e ao *Broker*, como mostrado na Figura 7.4.

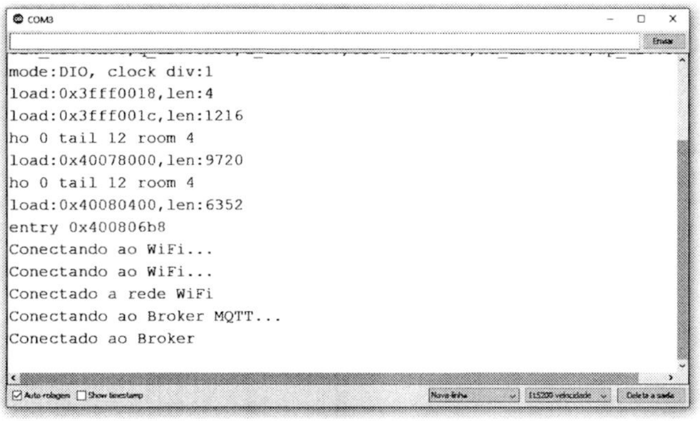

Figura 7.4: Mensagens de conexão ao roteador e ao broker.

A cada 60 segundos o ESP32 envia ao *broker* o valor de temperatura, uma vez que o ESP32 é o *publisher* do tópico **temperatura**, podendo ver os dados enviados por meio do monitor serial, como visto na Figura 7.5.

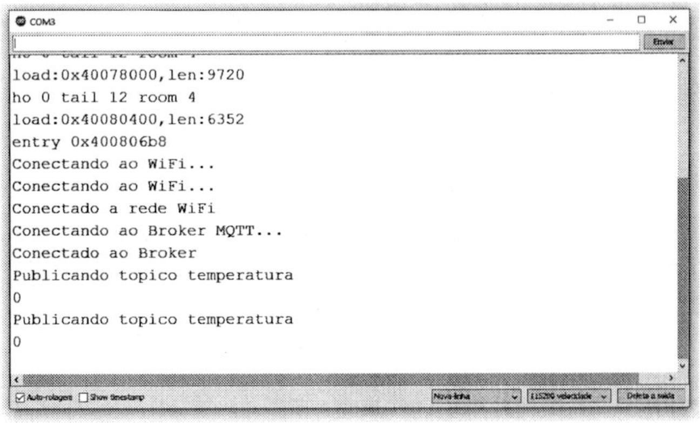

Figura 7.5: Visualização dos dados publicados.

Os dados de temperatura que chegam ao *broker* podem ser vistos na Figura 7.6, à direita.

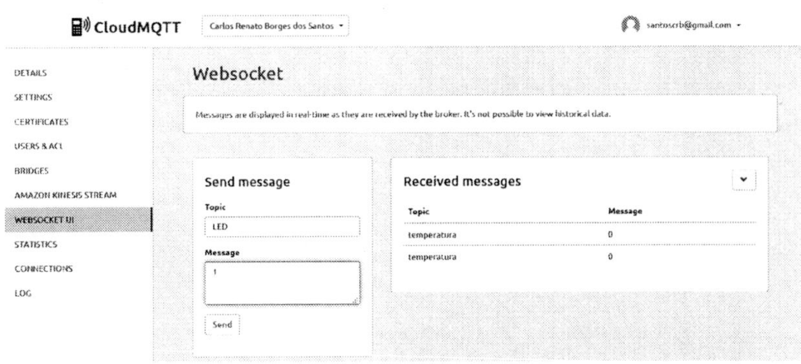

Figura 7.6: Interface do *broker*.

Na Figura 7.6, à esquerda, há os campos **Topic** e **Message**. O tópico assinado pelo ESP32 chama-se **LED**, que deve ser escrito no campo **Topic**, como visto na figura. As mensagens aceitas pelo *sketch* são os caracteres 0 ou 1, conforme você pode verificar no código, nas linhas 17 a 22, do *sketch* mostrado na página 87.

Ainda na Figura 7.6, ao digitar no campo **Message** o valor 1, e ao clicar em **Send**, o LED do ESP32 acenderá, aparecendo ainda as mensagens mostradas na Figura 7.7 e na Figura 7.8. Para desligar o LED, basta digitar **LED** e 0, nos campos correspondentes e clicar em **Send**.

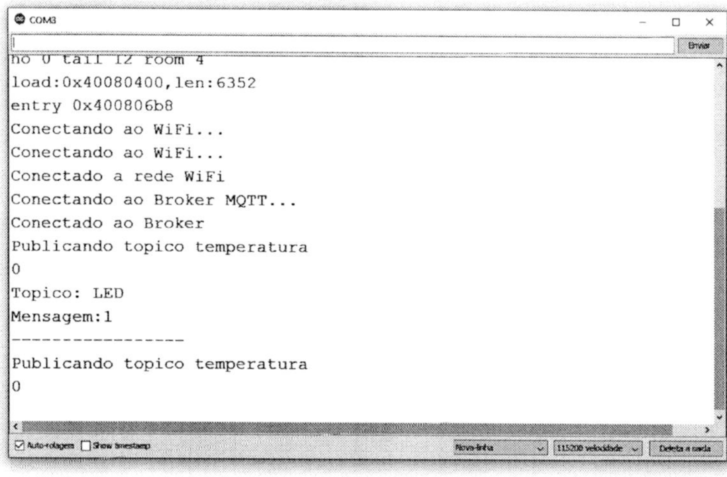

Figura 7.7: Recebimento da mensagem do tópico **LED**.

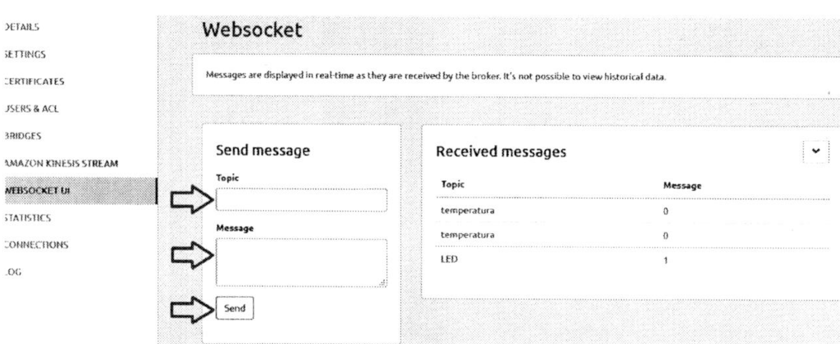

Figura 7.8: Recebimento da mensagem do tópico **LED**.

Nesse capítulo vimos uma forma manual de enviar e receber dados de um broker para o ESP32. No próximo capítulo usaremos um *broker* mais visual.

8 Dashboard Adafruit

SÃO diversos os sites que podemos utilizar o MQTT. Nesta seção veremos um site que apresenta um *dashboard* gratuito. *Dashboards* são painéis que mostram os dados de uma forma gráfica.

8.1. Configurando o dashboard

ESSE projeto foi desenvolvido utilizando o *dashboard* da Adafruit, acessado pela url: `io.adafruit.com`. Neste link, crie um cadastro gratuitamente. Após cadastrar, vamos criar um *dashboard*, clicando no botão **+ New Dashboard**, visto na Figura 8.1.

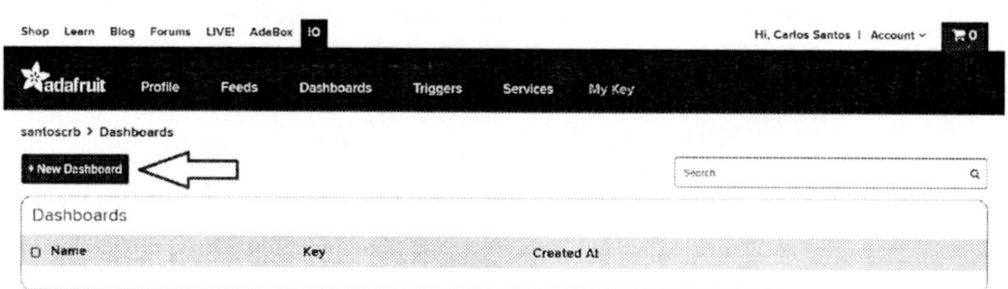

Figura 8.1: Criando um dashboard.

Após isso, digite o nome que será chamado o seu *dashboard*, que neste exemplo se chamará **TesteDashboard**, como visto na Figura 8.2. Clique em **TesteDashboard**, à esquerda da Figura 8.2, aparecendo a tela da Figura 8.3.

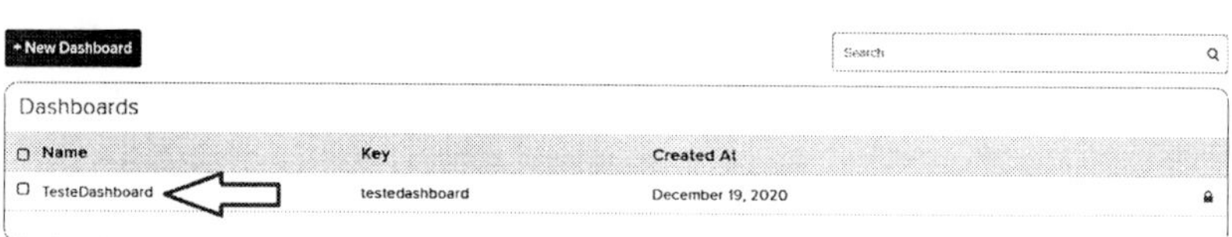

Figura 8.2: Dashboard chamado *TesteDashboard*.

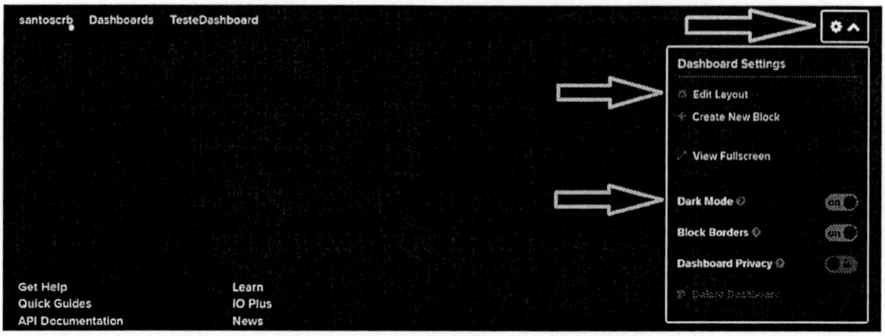

Figura 8.3: Configurações do dashboard.

Observando a Figura 8.3, ao clicar no ícone engrenagem, à direita da tela, aparecerá uma lista de botões. Neste caso, clicaremos em **Create New Block**, em que aparecerá uma lista de blocos, vista na Figura 8.4. Também modificaremos a configuração **Dark Mode** para a posição **off**, mostrando o fundo da tela branco.

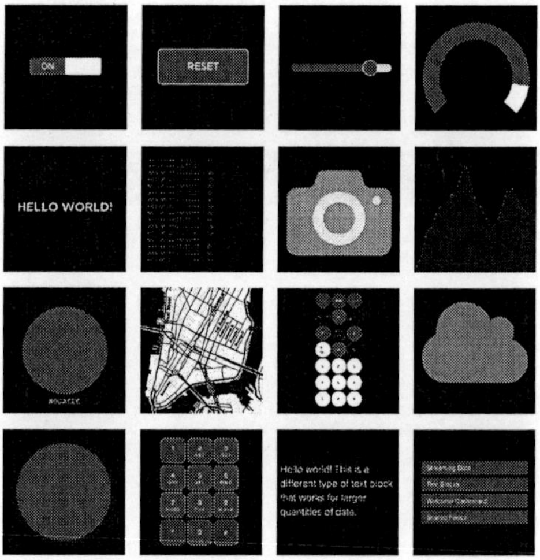

Figura 8.4: Blocos disponíveis para a criação do dashboard.

8.2. Um exemplo utilizando o dashboard

NESTA seção trataremos das configurações necessárias para configurar o *dashboard*, mostrando cada um dos blocos utilizados no exemplo proposto neste capítulo. Nele, o ESP32 publica informações sobre nível, que varia entre

0 e 50. O *dashboard* controla o acendimento do LED do ESP32, sendo este, portanto, o assinante do tópico *botao*. Para confirmação do acendimento do LED, o ESP32 publica a confirmação sobre o acendimento do LED, por meio do tópico *led*, visto no *dashboard*.

Para fixarmos ainda mais os conceitos de *publisher* e *subscriber*, vamos utilizar três blocos no *dashboard*. O primeiro é o *Toggle*, que é o primeiro bloco à esquerda visto na Figura 8.4, que acionará o LED da placa ESP32, por meio da assinatura do tópico *botao*. O segundo bloco será o *Gauge*, visto na primeira linha à direita, que receberá dados do conversor AD, publicado pelo ESP32, sob o tópico *Nivel*. O terceiro bloco é o *Indicator*, o último bloco à esquerda, sob o tópico *led*, em que este receberá a informação sobre o estado do LED do ESP32. O sentido do fluxo de dados é mostrado na Figura 8.5. Nela, o ESP32 é o *publisher* dos tópicos **nivel** e **led**, sendo também *subscriber* do tópico **botao**.

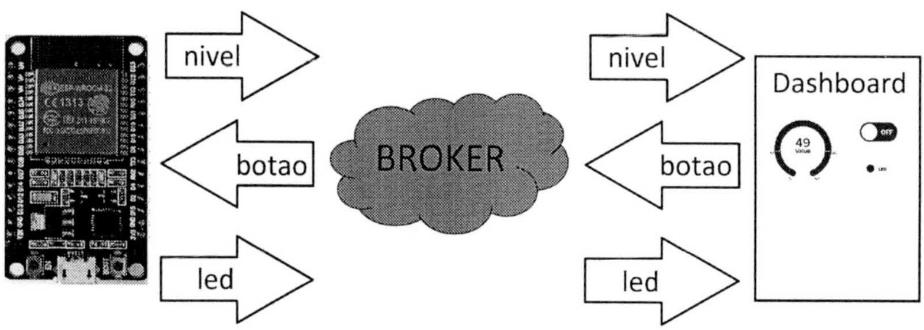

Figura 8.5: Tópicos *publisher* e *subscriber* do ESP32.

8.2.1 O botão de liga/desliga LED

Vamos iniciar a configuração do *Toggle*, chamando-o simplesmente de botão. A Figura 8.6 mostra como criar o tópico *botao*, quando você clicar no ícone **engrenagem** (*Edit block*) do componente botão. Nessa janela, o campo editável, à direita, cria novos tópicos, caso o tópico desejado ainda não exista. Os campos destacados nessa figura são aqueles em que devem ser configurados. Em (1), digite **botao** e clique em **Create**. Em (2), selecione **botao** recém-criado. Em (3) clique em **Next step**.

Na Figura 8.7, vemos a próxima janela de configuração, em que são definidos: nome do botão, texto para o botão ligado e texto para o botão desligado. Esses dois últimos também correspondem aos textos enviados para o ESP32, ao clicar no botão. Após configurar esses campos, clique em *Update block*, voltando à janela da Figura 8.4, mas agora com o bloco *Toggle*.

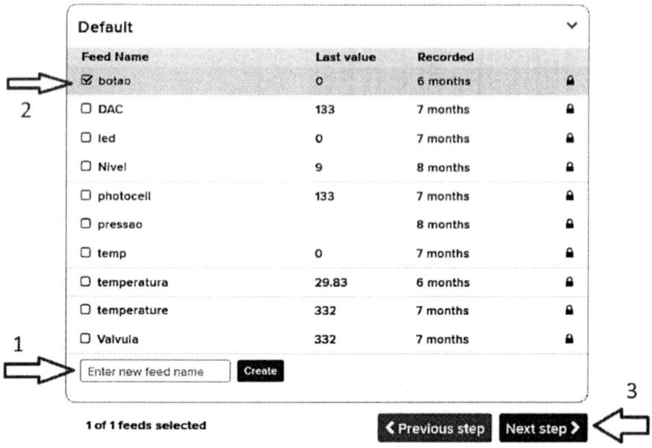

Figura 8.6: Janela aberta após clicar em *Edit block* do botão.

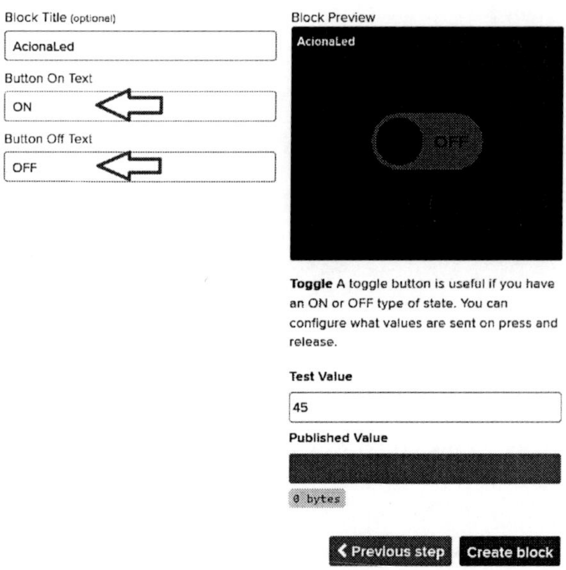

Figura 8.7: Janela aberta após clicar em *Update block*.

8.2.2 O bloco Gauge

Ao selecionar o bloco *Gauge* aparecerá a janela da Figura 8.8. Após criarmos o tópico *Nivel*, selecione-o, para após clicar em *Next step*, abrindo a janela da Figura 8.9.

Figura 8.8: Janela aberta após clicar em *Edit block* do *Gauge*.

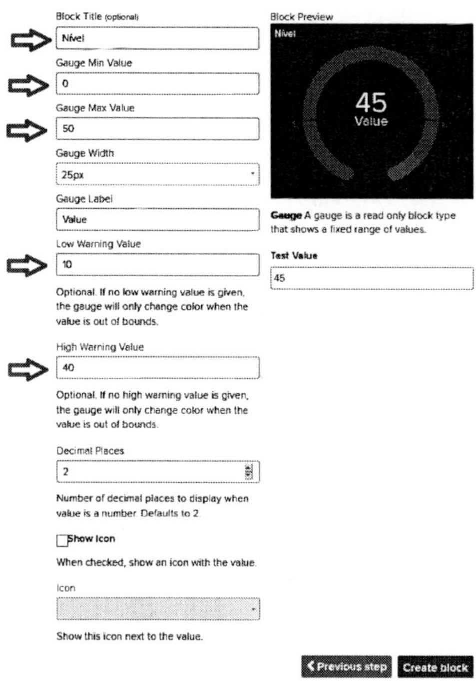

Figura 8.9: Janela aberta após clicar em *Next step* do *Gauge*.

Na Figura 8.9, podemos modificar diversos parâmetros do *Gauge*, principalmente os valores mínimo e máximo permitidos no *Gauge*. Nessa figura, os campos de edição estão destacados. Após configurá-lo, podemos clicar em *Create block*, aparecendo a janela da Figura 8.10.

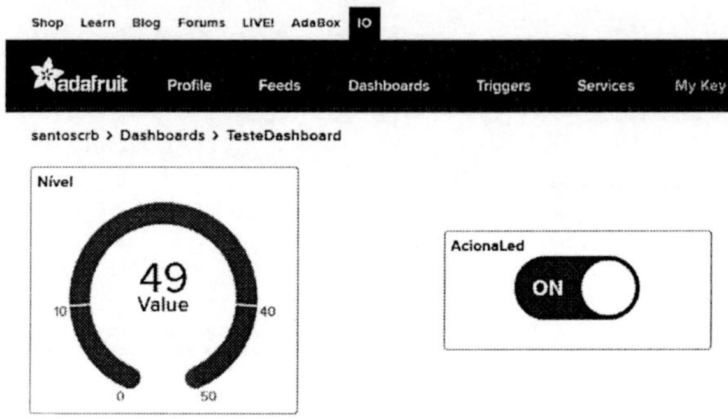

Figura 8.10: Tela com dois blocos.

8.2.3 O bloco Indicator

Vincularemos o bloco *Indicator* a um tópico chamado *led*, como visto na Figura 8.11.

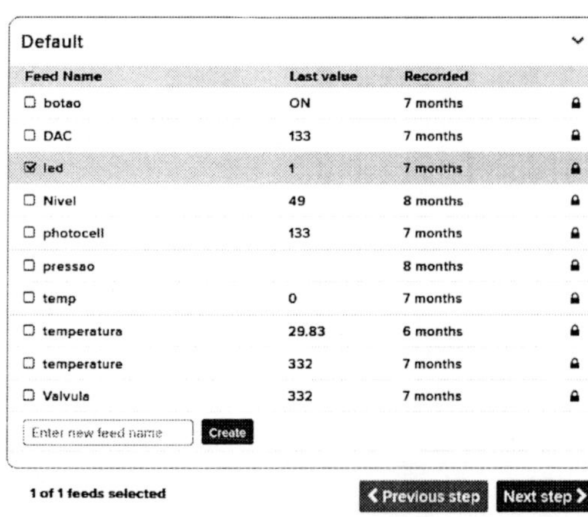

Figura 8.11: Criando o tópico *led*.

Após criar, selecionar tópico *led* e clicar em *Next step*, veremos a janela da Figura 8.12. Nela, devem ser observados os campos destacados: em (1), a condição; em (2), o valor comparado e em (3), o valor de teste para verificar a cor resultante do componente.

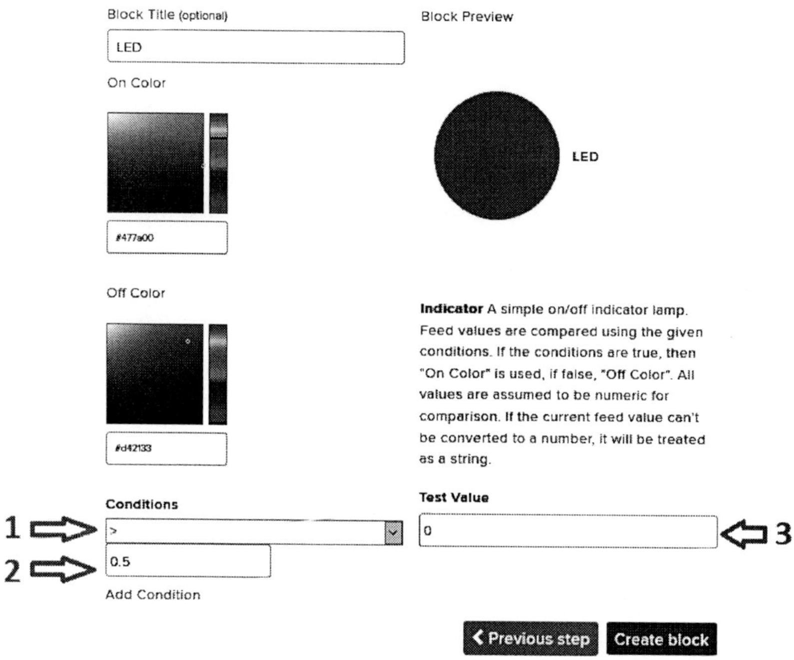

Figura 8.12: Configurando o bloco *Indicator*.

Na Figura 8.13, vemos a tela finalizada do *dashboard*. Para isso, você pode editar o *layout* do *dashboard*, como já mostrado na Figura 8.3, ao clicar em *Edit Layout*.

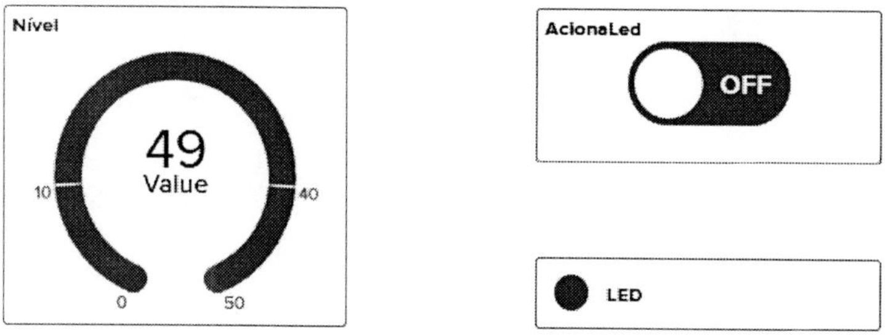

Figura 8.13: Tela do exemplo proposto.

8.2.4 Gráficos dos tópicos

Cada tópico pode apresentar seu histórico de valores armazenados por meio de gráficos, como mostrado na Figura 8.14, bastando procurar o tópico após clicar em **Feeds**, destacado em (1).

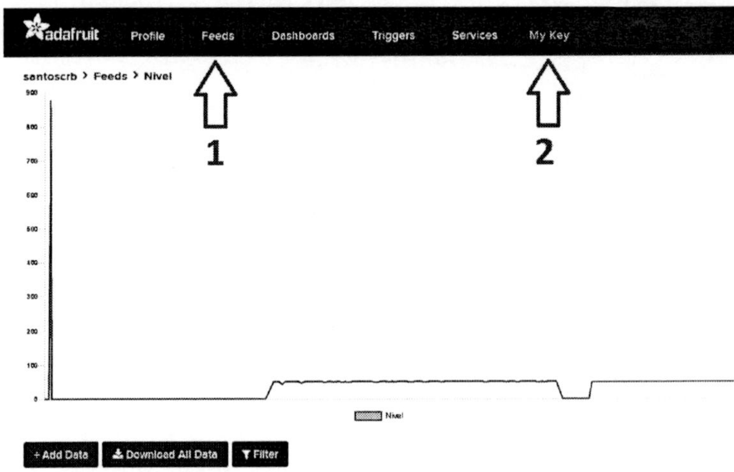

Figura 8.14: Gráfico de um tópico.

8.2.5 Chaves do dashboard

A Figura 8.15 pode ser obtida a qualquer momento, bastando clicar em **My Key**, como destacado em (2), na Figura 8.14. O código destacado da Figura 8.15 deverá ser copiado para o IDE.

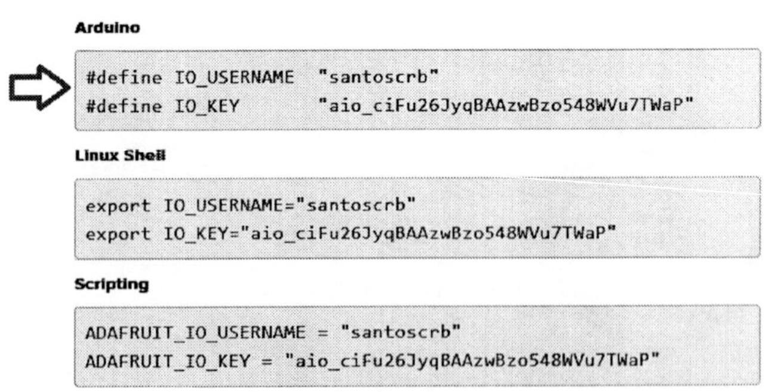

Figura 8.15: Chaves de acesso ao *dashboard*.

8.3. O sketch

O código necessário para que o *dashboard* controle e receba os dados do ESP32 pode ser visto a seguir. Alguns parâmetros devem ser adequados ao seu projeto, destacados nas linhas do *sketch* mostrado a seguir.

- linha 6: **SSID** → Nome do roteador;
- linha 7: **password** → Senha do roteador;
- linha 13: Obtido da Figura 8.15;
- linha 14: Obtido da Figura 8.15.

```
1 #include <WiFi.h>
2 #include "Adafruit_MQTT.h"
3 #include "Adafruit_MQTT_Client.h"
4 #define Rele1        2
5
6 #define WLAN_SSID       "SSID"        // Sua SSID
7 #define WLAN_PASS       "password"    // Sua senha
8
9 /******* Adafruit.io Setup ***********************/
10 #define IO_SERVER    "io.adafruit.com" //Adafruit Server
11 #define IO_SERVERPORT 1883
12
13 #define IO_USERNAME  "santoscrb"  //Mudar aqui
14 #define IO_KEY        "aio_BYyX74rOkCxbtKj4kcWpA7pDcCR9"
15
16 //WIFI CLIENT
17 WiFiClient client;
18 Adafruit_MQTT_Client mqtt(&client, IO_SERVER,
19 IO_SERVERPORT, IO_USERNAME, IO_KEY);
20 Adafruit_MQTT_Subscribe botao = Adafruit_MQTT_Subscribe(
21 &mqtt, IO_USERNAME "/feeds/botao");
22 Adafruit_MQTT_Publish nivel = Adafruit_MQTT_Publish(
23 &mqtt, IO_USERNAME "/feeds/Nivel");
24 Adafruit_MQTT_Publish led = Adafruit_MQTT_Publish(
25 &mqtt, IO_USERNAME "/feeds/led");
26 void MQTT_connect();
```

Na parte *WIFI CLIENT*, descrita a partir da linha 16 do *sketch* acima, perceba como configurar os tópicos como *publisher* e como *subscriber*.

```
void setup()
{
  Serial.begin(115200);
  pinMode(Rele1, OUTPUT);
  Serial.println();
  Serial.println();
  Serial.print("Conectando ao ");
  Serial.println(WLAN_SSID);
  WiFi.begin(WLAN_SSID, WLAN_PASS);
  while (WiFi.status() != WL_CONNECTED) {
    delay(500);
    Serial.print(".");
  }
  Serial.println();
  Serial.println("WiFi conectado!");
  Serial.print("Endereco IP: ");
  Serial.println(WiFi.localIP());
  mqtt.subscribe(&botao);
  xTaskCreatePinnedToCore(teste, "T",8192,
  NULL,2,NULL,0);
  delay(500);
  disableCore0WDT();
  disableCore1WDT();
}

void MQTT_connect()
{
  int8_t ret;
  uint8_t retries = 5;
  if (mqtt.connected()) {
    return;
  }
  Serial.print("Conectando ao MQTT... ");
  while ((ret = mqtt.connect()) != 0) {
    Serial.println(mqtt.connectErrorString(ret));
    Serial.println("Tentando conexao... ");
    mqtt.disconnect();
    delay(6000);
    retries--;
    if (retries == 0) {
      while (1);
    }
  }
  Serial.println("MQTT Conectado!");
}
```

```
1 void loop()
2 {
3   MQTT_connect();
4   Adafruit_MQTT_Subscribe *subscription;
5   while((subscription=mqtt.readSubscription(20000)))
6   {
7     if (subscription == &botao) {
8       Serial.print(F("Got: "));
9       Serial.println((char *)botao.lastread);
10      String botao_State = (char *)botao.lastread;
11      bool valorBT;
12      if(botao_State=="ON"){
13        valorBT = true;
14      }else{
15        valorBT = false;
16      }
17      digitalWrite(Rele1,valorBT);
18      led.publish(valorBT);
19    }
20  }
21 }
22
23 void teste(void * p)
24 {
25   pinMode(36,INPUT_PULLUP);
26   while(1){
27     uint32_t xad = analogRead(36);
28     uint32_t x = map(xad,0,4096,0,50);
29     nivel.publish(x);
30     Serial.println("Nivel: "+String(x)+" "+String(xad));
31     delay(60000);
32   }
33 }
```

Na página 103, linha 12, vemos o texto "ON", que deve ser o mesmo que o mostrado na Figura 8.7.

A *task* **teste** envia ao *dashboard* informações sobre o nível, a cada 60 segundos.

Já no **loop**, há uma constante verificação da chegada de mensagens do tópico *botao*. Se for detectada a chegada de mensagem, a confirmação do acionamento do LED é publicada sob o tópico *led*.

O circuito do *sketch* pode ser visto na Figura 8.16.

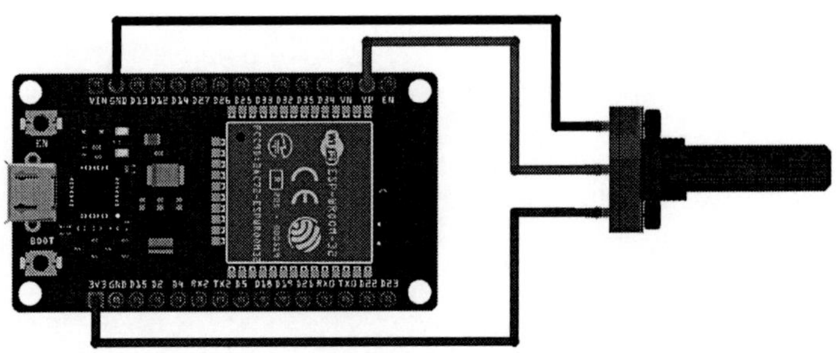

Figura 8.16: Circuito do *sketch* apresentado.

9 ESP-NOW

NESTE capítulo vamos mostrar uma forma de utilizar o módulo WiFi do ESP32 não relacionado à internet, que é o ESP-NOW. Este é um protocolo desenvolvido pela Espressif para trocar informações entre dispositivos ESP32, permitindo a formação de uma pequena rede com vários dispositivos.

A comunicação necessita de emparelhamento, que é realizado pelo próprio protocolo. Mesmo se o ESP32 reiniciar, a comunicação é automaticamente restabelecida. O ESP-NOW possui os seguintes recursos:

- Comunicação *unicast* criptografada e não criptografada;
- Dispositivos pares criptografados e não criptografados;
- Função de retorno de chamada que pode ser configurada para informar a camada do aplicativo sobre sucesso ou falha na transmissão.

Por outro lado, a tecnologia ESP-NOW possui as seguintes limitações:

- Vários pares não criptografados são suportados; no entanto, seu número total deve ser menor do que 20;
- A carga útil, ou seja, o tamanho da informação enviada, deve ser limitada em 250 bytes;
- Pares criptografados limitados a 10;

O protocolo ESP-NOW permite com que a transmissão dos dados seja realizada por *unicast*, ou por *broadcast*. No envio por *unicast*, apenas o dispositivo ao qual o pacote foi endereçado é que o receberá; nesse caso, o transmissor necessita conhecer o endereço MAC do receptor. Já na transmissão por *broadcast*, todos os dispositivos recebem os dados transmitdos. Veremos a seguir como obter o endereço MAC na próxima seção.

9.1. O endereço MAC

PARA enviar uma mensagem, necessita-se de um endereço MAC. Cada ESP32 tem um endereço MAC, que deve ser único. O código abaixo mostra como obtê-lo. Note que o ESP8266 também pode ser utilizado, bastando substituir por sua biblioteca correspondente.

Obtendo o endereco MAC

```
#include <WiFi.h> //<ESP8266WiFi.h>
void setup(){
  Serial.begin(115200);
  Serial.println();
  Serial.print("MAC Address: ");
  Serial.println(WiFi.macAddress());
}
void loop(){

}
```

9.2. Comunicação simplex

NESTE modo de comunicação podemos trabalhar nas seguintes formas: comunicação em uma via, um mestre para escravos e vários mestres para um escravo, vistos a seguir.

9.2.1 Comunicação em uma via

Neste modo, há dois ESP32, um enviando dados e outro recebendo, podendo ser visto na Figura 9.1. Neste caso, o dispositivo envia o pacote para um único dispositivo por meio do seu endereço MAC.

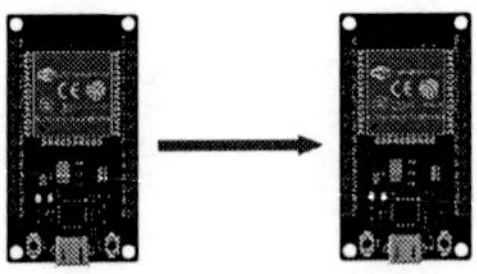

Figura 9.1: Comunicação em uma via.

9.2.2 Mestre enviando e escravos recebendo

Neste modo, um dispositivo mestre envia dados, ao passo que vários dispositivos escravos recebem as informações, como mostrado na Figura 9.2. Nesse caso, o dispositivo mestre pode enviar vários pacotes, cada um endereçado a um dispositivo específico. De uma forma mais econômica, o dispositivo mestre pode enviar um *broadcast*, em que todos os dispositivos recebem o pacote de uma única vez. O endereço de *broadcast* é o 0xFF:0xFF:0xFF:0xFF:0xFF:0xFF.

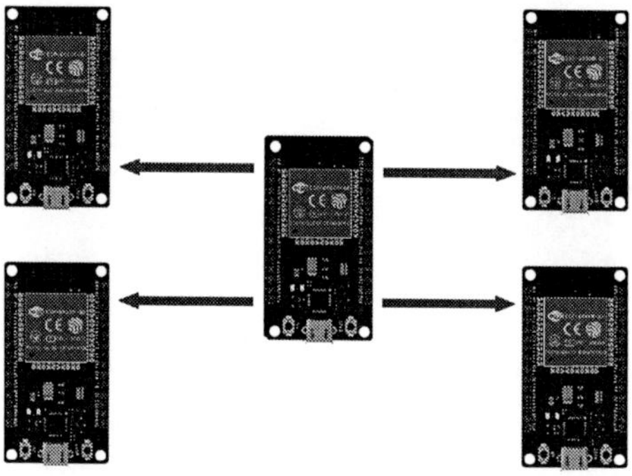

Figura 9.2: Um mestre e vários escravos.

9.2.3 Um dispositivo escravo e vários mestres

Neste modo, cada dispositivo mestre envia os dados, ao passo que o dispositivo escravo recebe as informações, como visto na Figura 9.3.

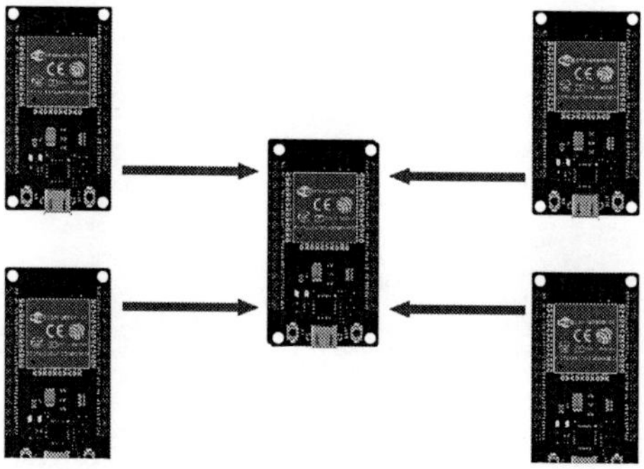

Figura 9.3: Um escravo e vários mestres.

9.3. Comunicação duplex

NA comunicação duplex, cada dispositivo pode enviar e receber dados, de forma simultânea. Podem ser utilizadas para comunicação duas ou mais placas ESP32.

9.3.1 Comunicação entre duas placas ESP32

O esquema de comunicação entre duas placas pode ser visto na Figura 9.4.

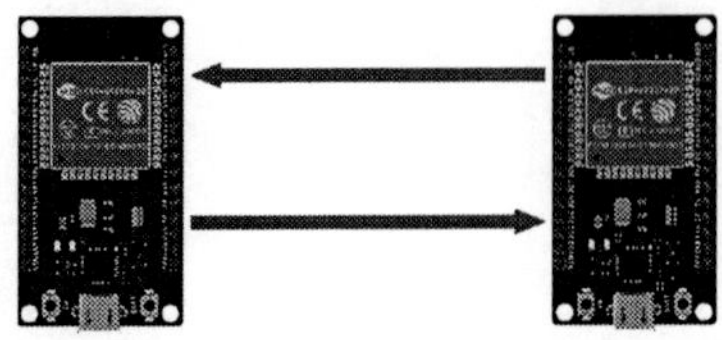

Figura 9.4: Comunicação duplex.

9.3.2 Comunicação entre vários dispositivos

Mais placas podem ser utilizadas para a comunicação entre os dispositivos, formando uma rede em que qualquer placa pode comunicar-se com qualquer outra, como visto na Figura 9.5.

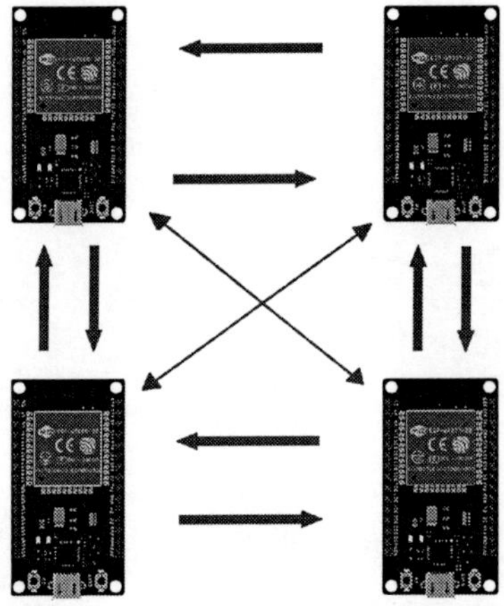

Figura 9.5: Comunicação entre vários dispositivos.

9.4. Exemplo de comunicação simplex

COMO já foi informado, cada ESP32 possui um endereço MAC, que deve ser conhecido para endereçar a informação enviada. Este exemplo utiliza o ESP-NOW para enviar uma *struct* do transmissor para o receptor, lembrando que a *struct* deve ser a mesma para os dois dispositivos.

Projeto original: *Rui Santos*, encontrado em:
`RandomNerdTutorials.com/esp-now-esp32-arduino-ide`

Enviando dados a um ESP32

```
#include <esp_now.h>
#include <WiFi.h>
// Reescreva o endereco MAC do receptor
uint8_t broadcastAddress[] = {0xFF, 0xFF, 0xFF, 0xFF,
  0xFF, 0xFF};
typedef struct struct_message {
  char a[32];
  int b;
  float c;
  String d;
  bool e;
} struct_message;
struct_message myData;
void setup() {
  Serial.begin(115200);
  Serial.println();
  Serial.print("ESP Board MAC Address:  ");
  Serial.println(WiFi.macAddress());
  WiFi.mode(WIFI_STA);
  if (esp_now_init() != ESP_OK) {
    Serial.println("Error initializing ESP-NOW");
    return;
  }
  esp_now_register_send_cb(OnDataSent);
  esp_now_peer_info_t peerInfo;
  memcpy(peerInfo.peer_addr, broadcastAddress, 6);
  peerInfo.channel = 0;
  peerInfo.encrypt = false;
  if (esp_now_add_peer(&peerInfo) != ESP_OK){
    Serial.println("Failed to add peer");
    return;
  }
}
void OnDataSent(const uint8_t *mac_addr,
esp_now_send_status_t status) {
  Serial.print("\r\nLast Packet Send Status:\t");
  if(status == ESP_NOW_SEND_SUCCESS){
    Serial.println("Delivery Success");
  }else{
    Serial.println("Delivery Fail");
  }
}
```

```
void loop() {
  // Set values to send
  strcpy(myData.a, "THIS IS A CHAR");
  myData.b = random(1,20);
  myData.c = 1.2;
  myData.d = "Hello";
  myData.e = false;
  // Send message via ESP-NOW
  esp_err_t result = esp_now_send(broadcastAddress,
  (uint8_t *) &myData, sizeof(myData));
  if (result == ESP_OK){
    Serial.println("Sent with success");
  }else{
    Serial.println("Error sending the data");
  }
  delay(2000);
}
```

A recepção de dados por um ESP32 pode ser realizada a partir do *sketch* mostrado a seguir. Deve ser lembrado que a informação que chegará ao dispositivo deverá ser aquela destinada ao MAC correspondente.

O *sketch* a seguir pode ser utilizado para mais de um receptor, haja vista que apenas o dispositivo correspondente ao MAC de destino receberá a informação.

Recebendo dados de um ESP32

```
#include <esp_now.h>
#include <WiFi.h>
typedef struct struct_message {
  char a[32];
  int b;
  float c;
  String d;
  bool e;
} struct_message;
struct_message myData;
void setup() {
  Serial.begin(115200);
  WiFi.mode(WIFI_STA);
  if (esp_now_init() != ESP_OK) {
    Serial.println("Error initializing ESP-NOW");
    return;
  }
  esp_now_register_recv_cb(OnDataRecv);
}
```

```
void loop() {

}

void OnDataRecv(const uint8_t * mac,
const uint8_t *incomingData, int len) {
  memcpy(&myData, incomingData, sizeof(myData));
  Serial.print("Bytes received: ");
  Serial.println(len);
  Serial.print("Char: ");
  Serial.println(myData.a);
  Serial.print("Int: ");
  Serial.println(myData.b);
  Serial.print("Float: ");
  Serial.println(myData.c);
  Serial.print("String: ");
  Serial.println(myData.d);
  Serial.print("Bool: ");
  Serial.println(myData.e);
  Serial.println();
}
```

9.5. Exemplo de comunicação duplex

O envio e o retorno de pacotes entre dois dispositivos muitas vezes é desejado para que o dispositivo A comande e ao mesmo tempo receba dados de um dispositivo B. Este exemplo mostra o envio e confirmação do acendimento do LED da placa do dispositivo B, estando o GPIO 4 configurado como entrada e conectado a um *push-button*, ao passo que o GPIO 2 do dispositivo B foi configurado como saída. Os códigos a seguir mostram dois *sketches* de dispositivos trabalhando em modo *duplex*.

Dispositivo A

```
#include <esp_now.h>
#include <WiFi.h>
#define PIN 2
#define CHANNEL 1
#define MASTER
esp_now_peer_info_t peer;
uint8_t peerMacAddress[6] = {0xFF, 0xFF, 0xFF,
   0xFF, 0xFF, 0xFF};
```

```
void setup() {
  Serial.begin(115200);
  modeStation();
  InitESPNow();
  addPeer(peerMacAddress);
  esp_now_register_recv_cb(onDataRecv);
  esp_now_register_send_cb(onDataSent);
  pinMode(PIN, INPUT_PULLUP);
}

void loop() {
  uint8_t value = digitalRead(PIN);
  send(&value, peerMacAddress);
  delay(2000);
}

void onDataRecv(const uint8_t *mac_addr,
 const uint8_t *value, int len) {
  Serial.println("Recebido "+String(*value));
}
void onDataSent(const uint8_t *mac_addr,
 esp_now_send_status_t status) {
  Serial.println(status==ESP_NOW_SEND_SUCCESS ?
   "Success" : "Fail");
}
void modeStation(){
  WiFi.mode(WIFI_STA);
  Serial.print("Mac Address in Station: ");
  Serial.println(WiFi.macAddress());
}
void InitESPNow() {
  if (esp_now_init() == ESP_OK) {
    Serial.println("ESPNow Init Success");
  }else{
    Serial.println("ESPNow Init Failed");
    ESP.restart();
  }
}
void addPeer(uint8_t *peerMacAddress){
  peer.channel = CHANNEL;
  peer.encrypt = 0; //criptografia : 0-sem 1-com
  memcpy(peer.peer_addr, peerMacAddress, 6);
  esp_now_add_peer(&peer);
}
```

```
void send(const uint8_t *value ,uint8_t *peerMacAddress){
  esp_err_t result = esp_now_send(peerMacAddress, value,
   sizeof(value));
  Serial.print("Send Status: ");
  if(result == ESP_OK) {
    Serial.println("Success");
  }else{
    Serial.println("Error");
  }
}
```

No dispositivo B, o *sketch* pode ser visto a seguir.

Dispositivo B

```
#include <esp_now.h>
#include <WiFi.h>

#define PIN 2
#define CHANNEL 1
#define MASTER

esp_now_peer_info_t peer;
uint8_t peerMacAddress[6] = {0xFF, 0xFF, 0xFF,
   0xFF, 0xFF, 0xFF};

void setup() {
  Serial.begin(115200);
  modeStation();
  InitESPNow();
  addPeer(peerMacAddress);
  esp_now_register_recv_cb(onDataRecv);
  esp_now_register_send_cb(onDataSent);
  pinMode(PIN, OUTPUT);
}
void loop() {
}

void onDataRecv(const uint8_t *mac_addr,
 const uint8_t *value, int len) {
  digitalWrite(PIN, *value);
  send(value, peerMacAddress);
  Serial.println("Recebido");
}
```

```
void onDataSent(const uint8_t *mac_addr,
 esp_now_send_status_t status) {
  Serial.println(status == ESP_NOW_SEND_SUCCESS ?
  "Success" : "Fail");
}
void modeStation(){
  WiFi.mode(WIFI_STA);
  Serial.print("Mac Address in Station: ");
  Serial.println(WiFi.macAddress());
}
void InitESPNow() {
  if (esp_now_init() == ESP_OK) {
    Serial.println("ESPNow Init Success");
  }else{
    Serial.println("ESPNow Init Failed");
    ESP.restart();
  }
}
void addPeer(uint8_t *peerMacAddress){
  peer.channel = CHANNEL;
  peer.encrypt = 0;
  memcpy(peer.peer_addr, peerMacAddress, 6);
  esp_now_add_peer(&peer);
}
void send(const uint8_t *value, uint8_t *peerMacAddress){
  esp_err_t result = esp_now_send(peerMacAddress, value,
   sizeof(value));
  Serial.print("Send Status: ");
  if (result == ESP_OK) {
    Serial.println("Success");
  }else{
    Serial.println("Error");
  }
}
```

9.6. Um exemplo de controle remoto

NESTA seção faremos uma redução dos códigos mostrados, de forma a torná-los um pouco mais compreensível. O sistema é *duplex*, ou seja, envia e recebe dados. Para isso, foram criadas duas *structs*; a primeira é enviada pelo dispositivo mestre (dispositivo de controle); a segunda é enviada pelo dispositivo escravo. Deve ser lembrado que a mesma estrutura utilizada para transmitir deve ser a mesma usada para receber os dados.

Nesse exemplo, o dispositivo mestre controla um veículo com esteiras, em que as informações enviadas são: velocidade e sentido de dois motores.

O dispositivo de controle recebe esses dados e enviará a inclinação longitudinal, a inclinação lateral e o giro no eixo z (esses dados são obtidos por potenciômetros).

O código do dispositivo de controle pode ser visto a seguir.

Dispositivo de controle

```
#include <esp_now.h>
#include <WiFi.h>
esp_now_peer_info_t peer;
uint8_t enderecoMAC[6] = {0xFF,0xFF,0xFF,0xFF,0xFF,0xFF};
typedef struct{
  uint16_t mEsq;
  uint16_t mDir;
  uint8_t sentEsq;
  uint8_t sentDir;
}TdadoMestre;
typedef struct{
  double angVert;
  double angHor;
  double giroZ;
}TdadoEscravo;
TdadoMestre dadoCon;
TdadoEscravo dadoEsc;
void setup() {
  Serial.begin(115200);
  modeStation();
  InitESPNow();
  addPeer(enderecoMAC);
  esp_now_register_recv_cb(ESPNOWrecebe);
  esp_now_register_send_cb(ESPNOWenvia);
  xTaskCreatePinnedToCore(
    Task_envia,
  "Task_envia",
  10000,
  NULL,
  1,
  NULL,
  0);
  delay(500);
}

void loop() {

}
```

```
void ESPNOWrecebe(const uint8_t *mac_addr,
        const uint8_t *rxdata, int len) {
        memcpy(&dadoEsc,rxdata,sizeof(dadoEsc));
  Serial.println("Recebido ");
  Serial.println(dadoEsc.angVert);
  Serial.println(dadoEsc.angHor);
  Serial.println(dadoEsc.giroZ);
}
void ESPNOWenvia(const uint8_t *mac_addr,
  esp_now_send_status_t status) {
  Serial.println(status==ESP_NOW_SEND_SUCCESS ?
    "Pacote enviado com sucesso" : "Falha de envio");
}
void modeStation(){
  WiFi.mode(WIFI_STA);
  Serial.print("Endereco MAC do dispositivo: ");
  Serial.println(WiFi.macAddress());
}
void InitESPNow() {
  if (esp_now_init() == ESP_OK) {
    Serial.println("ESP Now iniciado com sucesso");
  }else{
    Serial.println("ESPNow - falha de inicializacao");
    ESP.restart();
  }
}
void addPeer(uint8_t *peerMacAddress){
  peer.encrypt = 0; //criptografia : 0-sem 1-com
  memcpy(peer.peer_addr, peerMacAddress, 6);
  esp_now_add_peer(&peer);
}
void Task_envia(void *p){
  pinMode(4,INPUT_PULLUP);
  pinMode(15,INPUT_PULLUP);
  while(1){
    dadoCon.mEsq = analogRead(34);
    dadoCon.mDir = analogRead(35);
    dadoCon.sentEsq = digitalRead(4);
    dadoCon.sentDir = digitalRead(15);
    esp_now_send(enderecoMAC,(uint8_t *) &dadoCon,
    sizeof(dadoCon));
    delay(5000);
  }
}
```

O *sketch* do dispositivo veicular pode ser visto a seguir.

Dispositivo veicular

```
#include <esp_now.h>
#include <WiFi.h>

#define LED 2

esp_now_peer_info_t peer;
uint8_t enderecoMAC[6] = {0xFF,0xFF,0xFF,0xFF,0xFF,0xFF};

typedef struct{
  uint16_t mEsq;
  uint16_t mDir;
  uint8_t sentEsq;
  uint8_t sentDir;
}TdadoMestre;

typedef struct{
  double angVert;
  double angHor;
  double giroZ;
}TdadoEscravo;

TdadoMestre dadoCon;
TdadoEscravo dadoEsc;

bool flagRx = false;

void setup() {
  Serial.begin(115200);
  modeStation();
  InitESPNow();
  addPeer(enderecoMAC);
  esp_now_register_recv_cb(ESPNOWrecebe);
  esp_now_register_send_cb(ESPNOWenvia);
  pinMode(LED, OUTPUT);
}
void loop() {
  if(flagRx){
    flagRx = false;
    esp_now_send(enderecoMAC,(uint8_t *) &dadoEsc,
    sizeof(dadoEsc));
  }
}
```

```
void ESPNOWrecebe(const uint8_t *mac_addr,
  const uint8_t *rxdata, int len) {
  memcpy(&dadoCon, rxdata, sizeof(dadoCon));
  Serial.println("Recebido ");
  Serial.println(dadoCon.mEsq);
  Serial.println(dadoCon.mDir);
  Serial.println(dadoCon.sentEsq);
  Serial.println(dadoCon.sentDir);
  dadoEsc.angVert = analogRead(34);
  dadoEsc.angHor = analogRead(35);
  dadoEsc.giroZ = analogRead(36);
  flagRx = true;
}

void ESPNOWenvia(const uint8_t *mac_addr,
  esp_now_send_status_t status) {
  Serial.println(status == ESP_NOW_SEND_SUCCESS ?
  "Pacote enviado com sucesso" : "Falha de envio");
}

void modeStation(){
  WiFi.mode(WIFI_STA);
  Serial.print("Endereco MAC do dispositivo: ");
  Serial.println(WiFi.macAddress());
}

void InitESPNow() {
  if (esp_now_init() == ESP_OK) {
    Serial.println("ESPNow iniciado com sucesso");
  }else{
    Serial.println("ESPNow - falha de inicializacao");
    ESP.restart();
  }
}

void addPeer(uint8_t *peerMacAddress){
  peer.encrypt = 0;
  memcpy(peer.peer_addr, peerMacAddress, 6);
  esp_now_add_peer(&peer);
}
```

O circuito do dispositivo de controle pode ser visto na Figura 9.6.

O circuito do dispositivo veicular pode ser visto na Figura 9.7.

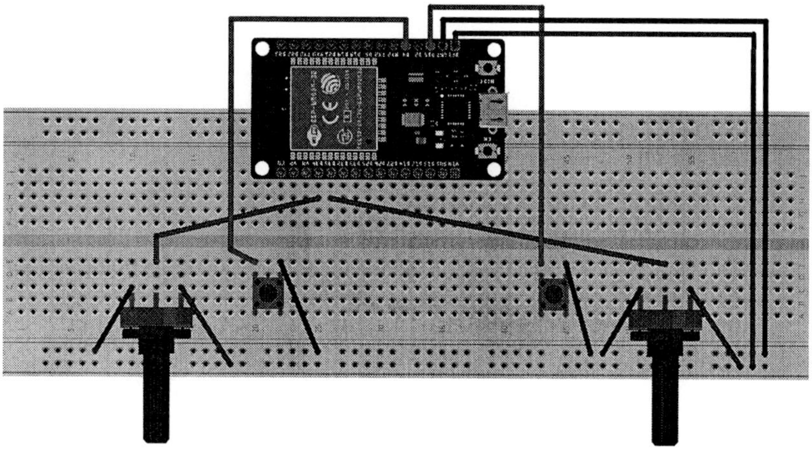

Figura 9.6: Dispositivo de controle.

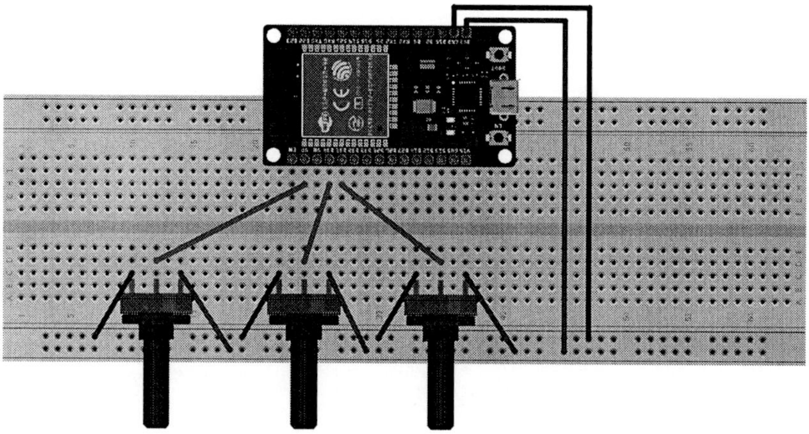

Figura 9.7: Dispositivo veicular.

9.7. Problemas

Problema 9.1 Desenvolva um sistema com 3 ESP32, em que duas dessas placas enviam dados de temperatura para a terceira placa. Imprima os dados na serial do ESP32 mestre, de forma que identifique o dado de temperatura à respectiva placa escrava. Cada dispositivo deve enviar seus dados a cada 20 segundos. O circuito de cada dispositivo mestre (transmissor) do Problema 9.1 pode ser visto na Figura 9.8.

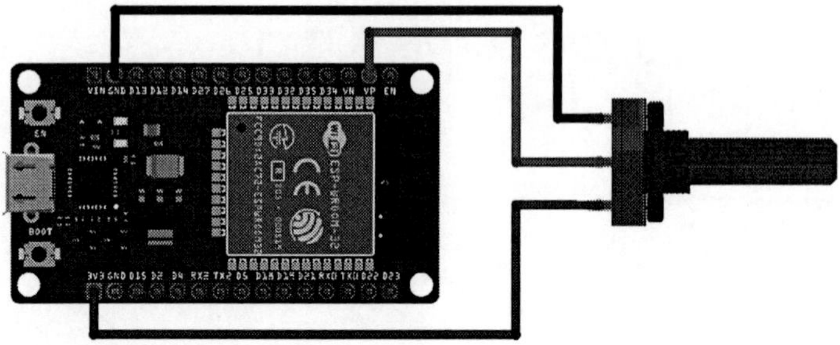

Figura 9.8: Circuito de cada transmissor do Problema 9.1.

IV O display OLED

10 Comandos básicos do OLED

DISPLAYS são dispositivos de saída largamente utilizados em projetos eletrônicos microcontrolados, uma vez que são capazes de apresentar dados importantes ao usuário. Neste livro, trataremos especificamente do display OLED gráfico, de 0,96 polegadas, instalado nas placas do ESP32 LoRa, e que também pode ser comprado para utilizar com o ESP32. Os comandos mais utilizados nesse display são mostrados neste capítulo. A partir desses comandos, é possível plotar figuras, desenhar pontos, retas, retângulos e círculos, além de escrever letras e números.

10.1. O display para o ESP32

O display utilizado é o SSD1306, de 0,96 polegadas, azul e amarelo. Sua tensão de alimentação é entre 3,3 e 5,5 V, podendo-se, portanto, ser alimentado por Arduino ou pelo ESP32. É de baixo custo, sendo comparado ao preço de displays de LCD alfanuméricos de 16 colunas por 2 linhas. O display OLED comunica-se por I2C, utilizando a biblioteca **SSD1306.h**.

Figura 10.1: Display OLED azul e amarelo.

O display OLED azul e amarelo pode ser visto na Figura 10.1. Nesse display, as primeiras 16 linhas são de cor amarela, mapeadas de 0 a 15. As demais linhas são da cor azul.

10.2. Inicialização do display OLED

Ao utilizar o display OLED, devemos incluir a biblioteca **SSD1306.h**, e criar uma instância, que pode ser chamada de **OLED** ou **display**, com o endereço e pinos utilizados do ESP32. Quanto às pinagens utilizadas para o controle do OLED, há diferenças no ESP32 e no ESP32 LoRa, como mostrado nos códigos a seguir.

```
SSD1306 display(0x3c, 21, 22); //Para o ESP32
```

```
SSD1306 display(0x3c, 4, 15);  //Para o ESP32 LoRa
```

Deve ser lembrado que, para o ESP32 LoRa, há a necessidade de utilizar o GPIO 16 para habilitar o OLED. Para inicializar o display, podemos utilizar o código a seguir. Lembramos que a inicialização deve ser realizada no núcleo em que se deseja trabalhar com o OLED. Todos os comandos relacionados ao OLED devem ser realizados pelo núcleo em que o OLED for inicializado. Outra questão já mencionada é que a *task* responsável pelo OLED deve ter alta prioridade.

```
void IniciaOLED(){
  /*Habilitar esta parte para o ESP32 LoRa:
  pinMode(16,OUTPUT);
  digitalWrite(16,LOW);
  delay(100);
  digitalWrite(16,HIGH);
  */
  display.init();
}
```

10.3. Configuração da tela

Há comandos (métodos) para o OLED que podem ser utilizados a qualquer momento para configurar a forma em que as informações são impressas. Dois comandos são mostrados a seguir.

```
  display.flipScreenVertically();
```

```
  display.mirrorScreen();
```

A forma de impressão de cada um dos comandos mostrados pode ser vista na Figura 10.2. Na Figura 10.2a, não houve a inserção desses comandos; na Figura 10.2b, foi utilizado o comando *mirrorScreen*; na Figura 10.2c, foi utilizado o comando *flipScreenVertically*.

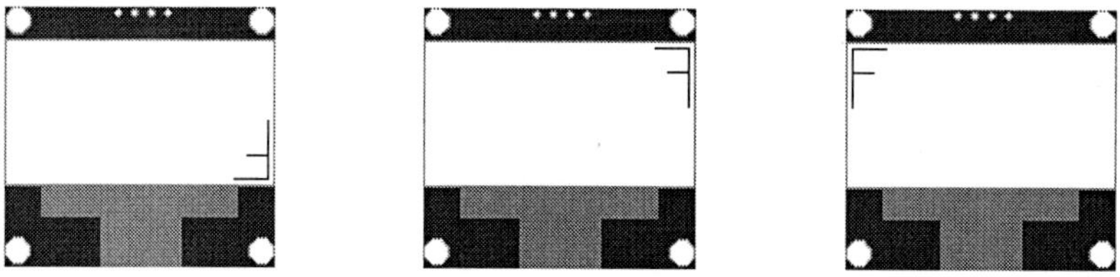

(a) Normal. (b) *mirrorScreen*. (c) *flipScreenVertically*.

Figura 10.2: Formas diferentes de imprimir os dados no OLED.

10.4. Configuração de texto

A escrita de caracteres, textos e números necessita de duas configurações básicas, que são o tamanho e o alinhamento, descritos a seguir.

10.4.1 Fonte

O comando a seguir define a fonte em que serão escritos os caracteres:

```
display.setFont(FONTE);
```

A palavra FONTE deve ser substituída por um dos seguintes comandos:

ArialMT_Plain_10 - Fonte 10;
ArialMT_Plain_16 - Fonte 16;
ArialMT_Plain_24 - Fonte 24;

10.4.2 Alinhamento

Para alinhar o texto à esquerda, central ou à direita, podemos utilizar o comando a seguir.

```
display.setTextAlignment(ALINHAMENTO);
```

A palavra ALINHAMENTO deve ser substituída pelos seguintes comandos:

TEXT_ALIGN_LEFT - alinhamento à esquerda;
TEXT_ALIGN_CENTER - alinhamento central;
TEXT_ALIGN_RIGHT - alinhamento à direita;

10.4.3 Escrevendo o texto

A escrita de uma *String* pode ser realizada a partir do comando a seguir, em que TEXTO é uma *String* ou uma variável numérica transformada em texto por meio do comando **String(variavel)**.

```
display.drawString(x0,y0,TEXTO);
```

10.5. Imprimindo figuras geométricas

As figuras geométricas básicas plotadas pelas funções da biblioteca são: ponto, reta, retângulo e círculo. Os valores impressos no eixo *x* devem ser entre 0 e 123 e no eixo *y* entre 0 e 63.

10.5.1 O ponto

Um ponto pode ser impresso pelo comando a seguir.

```
display.setPixel(x0,y0);
```

Em que **x0** e **y0** são as posições horizontal e vertical do OLED.

10.5.2 A reta

Uma reta pode ser impressa pelo comando a seguir.

```
display.drawLine(x0,y0,x1,y1)
```

Em que:

x0 - posição horizontal inicial;
y0 - posição vertical inicial;
x1 - posição horizontal final;
y1 - posição vertical final;

10.5.3 O retângulo

O comando a seguir desenha um retângulo.

```
display.drawRect(x0,y0,compX,compY);
```

O comando a seguir desenha um retângulo preenchido.

```
display.fillRect(x0,y0,compX,compY);
```

Em que:

x0	-	posição horizontal inicial;
y0	-	posição vertical inicial;
compX	-	comprimento horizontal do retângulo;
compY	-	comprimento vertical do retângulo;

10.5.4 O círculo

O comando para desenhar o círculo é visto a seguir.

```
display.drawCircle(x0,y0,raio);
```

Um círculo preenchido pode ser desenhado a partir do comando a seguir.

```
display.fillCircle(x0,y0,raio);
```

Em que:

x0	-	posição horizontal central;
y0	-	posição vertical central;
raio	-	raio do círculo.

10.6. A barra de progressão (progress bar)

PARA mostrar uma barra de progressão, podemos utilizar um comando específico, dando uma visão de uma escala de 0 a 100 %.

```
display.drawProgressBar(x0,y0,compX,compY,porcentagem)
```

Em que:

x0 - posição horizontal inicial;
y0 - posição vertical inicial;
compX - comprimento horizontal do retângulo;
compY - comprimento vertical do retângulo;
porcentagem - valor ou variável, assumindo valores entre 0 e 100.

10.7. Atualizando a tela

A atualização da tela OLED deve ser realizada a cada mudança de qualquer valor a ser impresso. Para isso, antes de escrever qualquer dado, podemos limpar a tela OLED por meio do seguinte comando.

```
display.clear();
```

Após escrever os dados por meio dos comandos já citados, devemos atualizar a tela, por meio do comando a seguir.

```
display.display();
```

10.8. Desligando e ligando o OLED

COM o intuito de reduzir o consumo de energia, podemos desligar o OLED, por meio do comando a seguir.

```
display.displayOff();
```

Após desligar o display, a qualquer momento este pode ser ligado por meio do comando a seguir.

```
display.displayOn();
```

10.9. Invertendo o estado do OLED

HÁ o comando para inverter o estado dos pixels, ou seja, cada pixel desligado será ligado e vice-versa. É interessante para realçar mensagens de alerta, equivalente a um pisca-pisca, invertendo o estado dos pixels.

```
display.invertDisplay();
```

10.10. Problemas

Problema 10.1 Imprima no OLED o texto "Hello world", com as três diferentes fontes e alinhamento à esquerda.

11 Criando figuras para o OLED

NESTE capítulo vamos mostrar como criar arquivos de bibliotecas para suas figuras que podem ser impressas pelo display do ESP32 LoRa ou por um OLED conectado ao ESP32. Para a criação dos arquivos, são necessários alguns passos a serem seguidos a partir do arquivo original, que serão vistos a seguir.

11.1. Convertendo arquivos de bitmap

IMAGENS podem ser plotadas em displays gráficos em qualquer momento de execução do programa. Um dos momentos mais interessantes para utilizar esse recurso pode ser durante a inicialização do circuito, em que podemos mostrar um logotipo do projeto.

Para a criação do arquivo, vamos utilizar o Paint, do Windows, ou qualquer outro editor de arquivo de bitmap. Encontre o arquivo desejado, salvando a figura no formato bitmap (.BMP) ou em PNG. Preferencialmente, salve no formato *Bitmap monocromático*, resultando num formato de apenas duas cores.

Na Figura 11.1, vamos mostrar como redimensionar a figura desejada para cabê-la nas dimensões do display. O OLED possui 128 colunas por 64 linhas, por isso o arquivo bitmap deve ter no máximo, essas mesmas dimensões.

Na Figura 11.1a, clique no botão *Redimensionar*, aparecendo a janela, mostrada na Figura 11.1b.

Na Figura 11.1b, desative o campo **Manter taxa de proporção**. Após isso, clique em **Pixels**. No campo **Horizontal**, o tamanho deve ser no máximo de 128 pixels, ao passo que em **Vertical**, 64.

O arquivo da Figura 11.2 apresenta as dimensões de 56 linhas por 48 colunas, podendo, portanto, ser impresso no OLED na parte azul do OLED azul e amarelo.

Após redimensionar o arquivo monocromático em dimensões de no máximo 128 x 64 pixels, devemos converter o arquivo em formato XBM. Um software fácil de utilizar para realizar essa conversão é o **Gimp**, que pode ser baixado no seguinte link:

`https://www.gimp.org/`

(a) Aplicativo **Paint**, do Windows.

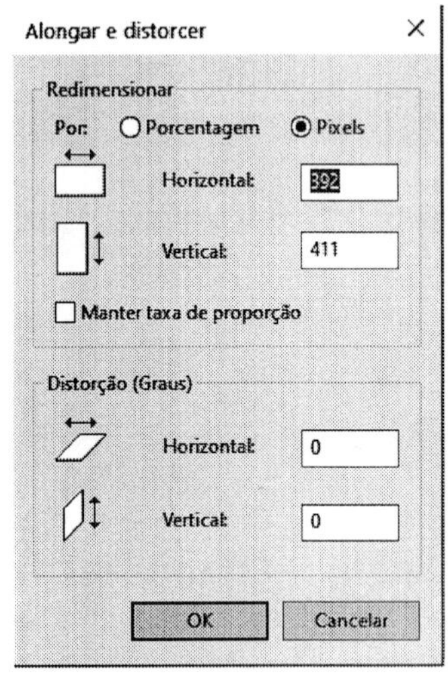

(b) Janela de redimensionamento.

Figura 11.1: Redimensionando o arquivo da tela OLED.

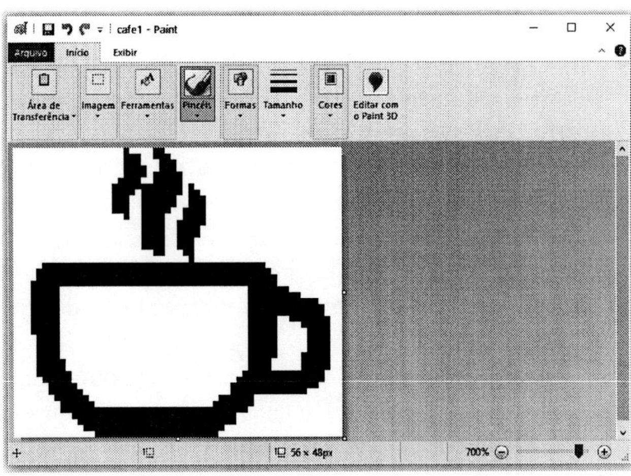

Figura 11.2: O arquivo PNG reduzido às dimensões do OLED.

Após instalá-lo, vejamos como converter o arquivo. Abrindo o programa, procure o arquivo que deseja converter, por meio do menu *Arquivo / Abrir...*, como mostrado na Figura 11.3.

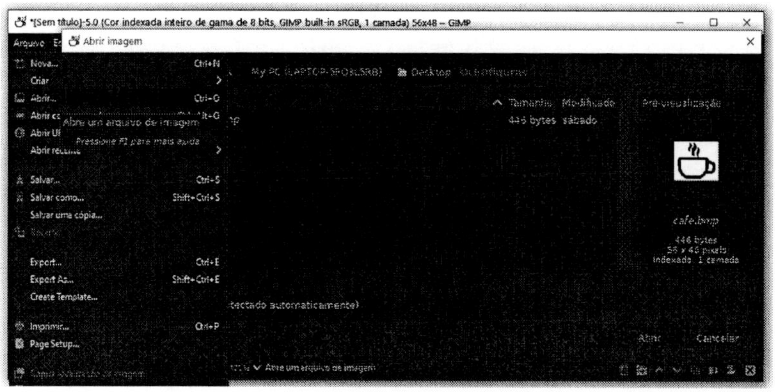

Figura 11.3: Abrindo a figura com o GIMP.

O próximo passo é exportar o arquivo, clicando em *Arquivo/Export As...*, como mostrado na Figura 11.4.

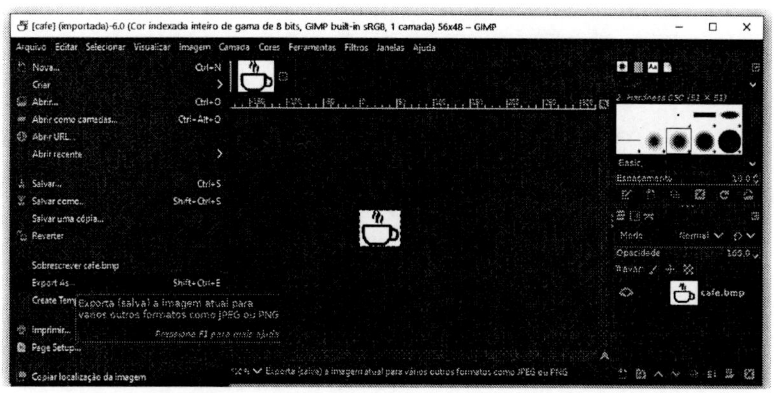

Figura 11.4: Exportando o arquivo em XBM.

Ao aparecer a janela mostrada na Figura 11.5, mude a extensão do arquivo para *xbm*.

Após clicar em *Exportar*, aparecerá outra janela, mostrada na Figura 11.6. Nessa janela, basta clicar novamente em *Exportar*, não havendo a necessidade de modificar qualquer outro parâmetro.

O arquivo criado pode ser visto na Figura 11.7. Mude a extensão do arquivo XBM para **.h**. Neste caso, o arquivo chamado **cafe.xbm** passou-se a chamar **cafe.h**. Agora o arquivo será uma biblioteca para o seu projeto, devendo estar os dois arquivos (*cafe.h* e o seu projeto, com a extensão.*ino*) na mesma pasta.

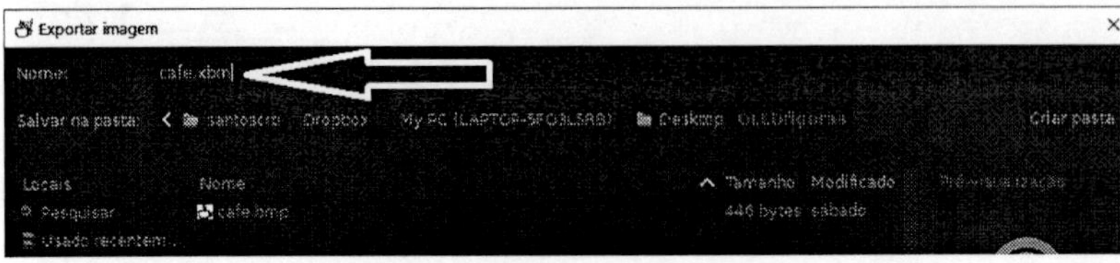

Figura 11.5: Escrevendo o nome do arquivo a ser exportado, com extensão XBM.

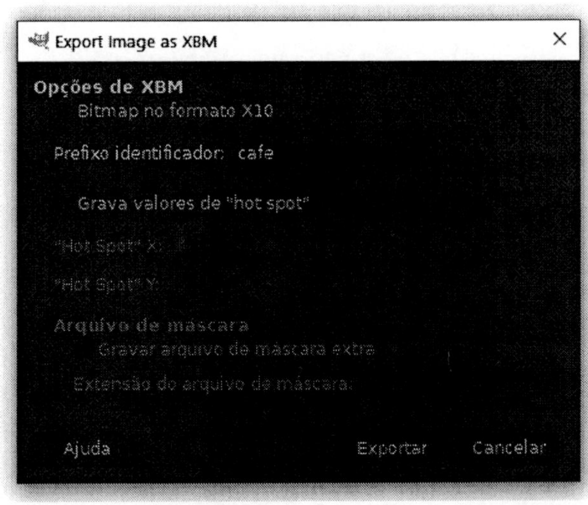

Figura 11.6: Finalizando o procedimento de exportação.

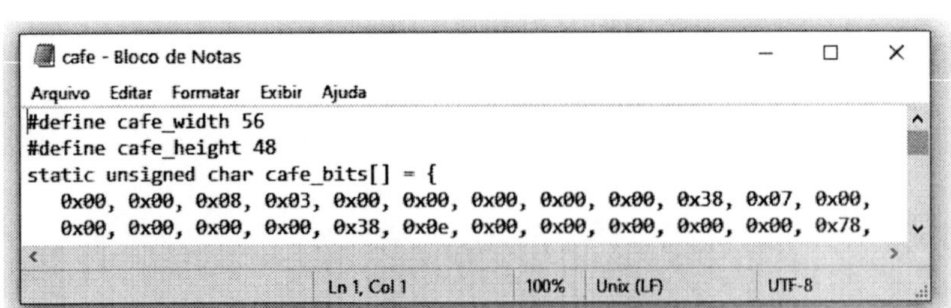

Figura 11.7: Visualização do arquivo modificado para a extensão H.

11.2. Comando para imprimir imagem

JÁ vimos até aqui como criar uma biblioteca com a matriz da imagem desejada para imprimir no OLED. O comando utilizado para imprimir uma imagem pode ser visto a seguir.

```
display.drawXbm(x0,y0,FIG_width,FIG_height,FIG_bits);
```

Em que:

x0	-	posição horizontal inicial;
y0	-	posição vertical inicial;
FIG_width	-	comprimento horizontal da FIG;
FIG_height	-	comprimento vertical da FIG;
FIG_bits	-	matriz da FIG.

11.3. Utilizando a biblioteca de imagem

O código mostrado a seguir mostra como utilizar a biblioteca de imagem criada na seção anterior. Nesse código, a logo criada aparecerá no OLED por 5 segundos, após a inicialização do ESP32.

ESP32

```
#include <Wire.h>
#include <SSD1306.h>
#include "cafe.h"
SSD1306 display(0x3c, 21, 22);

void setup(){
  display.init();
  display.flipScreenVertically();
  display.clear();
  display.drawXbm(40,16,cafe_width,cafe_height,cafe_bits);
  display.display();
  delay(5000);
  display.clear();
}
void loop(){

}
```

O algoritmo ligeiramente adaptado para o ESP32 LoRa pode ser visto no código a seguir. Como visto, as diferenças consistem na pinagem da instância *display*, além de setar o pino 16 como saída e no nível lógico alto.

ESP32 LoRa

```
#include <Wire.h>
#include <SSD1306.h>
#include "cafe.h"
#define RESET 16
SSD1306 display(0x3c, 4, 15);

void setup(){
  pinMode(RESET,OUTPUT);
  digitalWrite(RESET,LOW);
  delay(100);
  digitalWrite(RESET, HIGH);
  display.init();
  display.flipScreenVertically();
  display.clear();
  display.drawXbm(40,16,cafe_width,cafe_height,cafe_bits);
  display.display();
  delay(5000);
  display.clear();
}
void loop(){

}
```

A utilização do OLED no ESP32 pode ser vista na Figura 11.8.

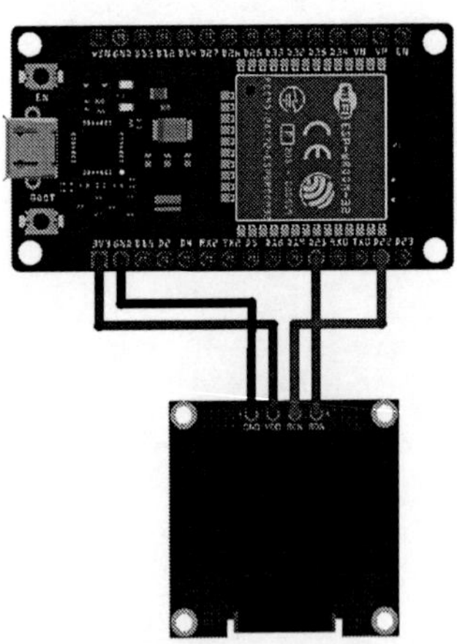

Figura 11.8: OLED conectado ao ESP32.

11.4. Projeto com ESP32 Lora

NESTE projeto vamos obter o nível de determinado recipiente, enviá-lo por rádio LoRa e disponibilizar o valor num *dashboard*. O valor do sinal será entre 0 e 100, permitindo com que apenas um byte seja transmitido. A Figura 11.9 mostra como será a forma de transmissão dos dados de nível.

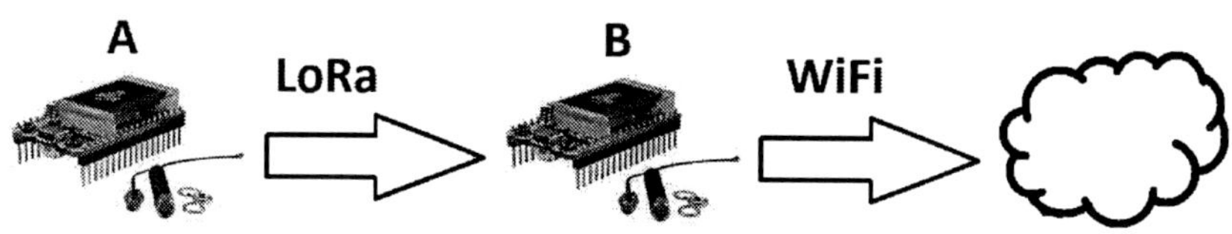

Figura 11.9: Transmissão do dado.

O ESP32 LoRa A receberá dados de nível por uma leitura do conversor AD, convertendo-a numa escala de 0 a 100, imprimindo-a em seu OLED utilizando a barra de progressão e enviando o valor para o ESP32 LoRa B, que, além de imprimir o dado na tela, enviará a informação para o *dashboard*.

O *sketch* do ESP32 LoRa A pode ser visto a seguir.

LoRa Tx

```
#include <SPI.h>
#include <LoRa.h>
#include "SSD1306.h"
#include "Tela.h"

#define SCK     5    // GPIO5  -- SX127x's SCK
#define MISO    19   // GPIO19 -- SX127x's MISO
#define MOSI    27   // GPIO27 -- SX127x's MOSI
#define SS      18   // GPIO18 -- SX127x's CS
#define RST     14   // GPIO14 -- SX127x's RESET
#define DI00    26   // GPIO26 -- SX127x's IRQ
#define FREQUENCIA_HZ 915E6
#define AD0 36
#define LED 25

uint16_t valorAD;
uint8_t valorP;

SSD1306 display(0x3c, 4, 15);

portMUX_TYPE mux = portMUX_INITIALIZER_UNLOCKED;
```

```
void setup()
{
  Serial.begin(115200);
  xTaskCreatePinnedToCore(Task_LoRa, "LoRa",
  10000,NULL,5,NULL,0);
  delay(500);
  xTaskCreatePinnedToCore(Task_OLED, "OLED",
  10000,NULL,5,NULL,1);
  delay(500);
  disableCore0WDT();
  disableCore1WDT();
}

void loop()
{
  valorAD = analogRead(AD0);
  portENTER_CRITICAL_ISR(&mux); //bloqueia o acesso
  valorP = map(valorAD,0,4095,0,100);
  portEXIT_CRITICAL_ISR(&mux); //libera o acesso
  vTaskDelay(500/portTICK_PERIOD_MS);
}

void Task_LoRa(void *p)
{
  pinMode(LED,OUTPUT);
  SPI.begin(SCK,MISO,MOSI,SS);
  LoRa.setPins(SS,RST,DIO0);
  if (!LoRa.begin(FREQUENCIA_HZ)) {
    Serial.println("Falha");
    ESP.restart();
  }
  LoRa.enableCrc();
  while(1){
    uint8_t v;
    portENTER_CRITICAL_ISR(&mux);
    v = valorP;
    portEXIT_CRITICAL_ISR(&mux);
    digitalWrite(LED, true);
    LoRa.beginPacket();
    LoRa.write(v);
    LoRa.endPacket();
    digitalWrite(LED, false);
    vTaskDelay(10000/portTICK_PERIOD_MS);
  }
}
```

```
void Task_OLED(void *p){
  pinMode(16,OUTPUT);
  digitalWrite(16, LOW);
  delay(50);
  digitalWrite(16, HIGH);
  display.init();
  display.flipScreenVertically();
  display.setTextAlignment(TEXT_ALIGN_LEFT);
  display.setFont(ArialMT_Plain_24);
  display.drawXbm(21, 8, Tela_width, Tela_height,
  Tela_bits);
  display.display();
  delay(5000);
  display.clear();
  while(1){
    uint8_t v;
    portENTER_CRITICAL_ISR(&mux);
    v = valorP;
    portEXIT_CRITICAL_ISR(&mux);
    display.clear();
    display.drawProgressBar(10,20,100,10,v);
    display.drawString(50, 40,String(v)+" %");
    display.display();
    vTaskDelay(1000/portTICK_PERIOD_MS);
  }
}
```

A parte do ESP32 LoRa A está pronta, bastando inserir um sensor analógico no GPIO 36 ou um potenciômetro. Quanto ao *dashboard*, utilizamos o tópico **Nivel**, como visto na Figura 11.10.

Figura 11.10: Tópico utilizado no projeto.

O *sketch* do ESP32 LoRa B pode ser visto a seguir.

LoRa Rx

```
#include <SPI.h>
#include <LoRa.h>
#include <Wire.h>
#include <WiFi.h>

#include "SSD1306.h"
#include "Tela.h"
#include "Adafruit_MQTT.h"
#include "Adafruit_MQTT_Client.h"

#define SCK     5    // GPIO5  -- SX127x's SCK
#define MISO    19   // GPIO19 -- SX127x's MISO
#define MOSI    27   // GPIO27 -- SX127x's MOSI
#define SS      18   // GPIO18 -- SX127x's CS
#define RST     14   // GPIO14 -- SX127x's RESET
#define DI00    26   // GPIO26 -- SX127x's IRQ

#define FREQUENCIA_HZ 915E6
#define LED 25

uint16_t valorAD;
uint8_t valorP;
bool flagTx = false;

SSD1306 display(0x3c, 4, 15);

portMUX_TYPE mux = portMUX_INITIALIZER_UNLOCKED;

#define WLAN_SSID        "SSID"       // Sua SSID
#define WLAN_PASS        "password"   // Sua senha
#define IO_SERVER "io.adafruit.com" //Adafruit Server
#define IO_SERVERPORT 1883
#define IO_USERNAME  "santoscrb"
#define IO_KEY  "aio_ciFu26JyqBAAzwBzo548WVu7TWaP"

WiFiClient client;
Adafruit_MQTT_Client mqtt(&client, IO_SERVER,
IO_SERVERPORT,IO_USERNAME, IO_KEY);
Adafruit_MQTT_Publish nivel=Adafruit_MQTT_Publish(&mqtt,
IO_USERNAME "/feeds/Nivel");
```

```
void setup()
{
  Serial.begin(115200);
  pinMode(LED,OUTPUT);
  WiFi.begin(WLAN_SSID, WLAN_PASS);
  while (WiFi.status() != WL_CONNECTED) {
    delay(500);
    Serial.print(".");
  }
  Serial.println();
  Serial.println("WiFi conectado!");
  Serial.print("Endereco IP: ");
  Serial.println(WiFi.localIP());
  xTaskCreatePinnedToCore(Task_LoRa, "LoRa",
  10000,NULL,5,NULL,0);
  delay(500);
  xTaskCreatePinnedToCore(Task_Pisca,"Pisca",
  2000,NULL,1,NULL,0);
  delay(500);
  xTaskCreatePinnedToCore(Task_OLED, "OLED",
  10000,NULL,5,NULL,1);
  delay(500);
  disableCore0WDT();
  disableCore1WDT();
}

void MQTT_connect()
{
  int8_t ret;
  uint8_t retries = 5;
  if (mqtt.connected()) {
    return;
  }
  Serial.print("Conectando ao MQTT... ");
  while ((ret = mqtt.connect()) != 0) {
    Serial.println(mqtt.connectErrorString(ret));
    Serial.println("Tentando conexao...");
    mqtt.disconnect();
    delay(6000);
    retries--;
    if (retries == 0) {
      ESP.restart();
    }
  }
  Serial.println("MQTT Conectado!");
}
```

```
void loop()
{
  MQTT_connect();
  vTaskDelay(500/portTICK_PERIOD_MS);
}

void Task_LoRa(void *p)
{
  SPI.begin(SCK,MISO,MOSI,SS);
  LoRa.setPins(SS,RST,DIO0);
  if (!LoRa.begin(FREQUENCIA_HZ))
  {
    Serial.println("Falha");
    ESP.restart();
  }
  LoRa.enableCrc();
  while(1)
  {
    int16_t tam = LoRa.parsePacket();
    for (int16_t i = 0; i < tam; i++)
    {
      flagTx = true;
      uint8_t x = LoRa.read();
      Serial.println(x);
      portENTER_CRITICAL_ISR(&mux); //bloqueia o acesso
      valorP = x;
      portEXIT_CRITICAL_ISR(&mux); //libera o acesso
      nivel.publish(x);
    }
    vTaskDelay(50/portTICK_PERIOD_MS);
  }
}

void Task_Pisca(void *p)
{
  while(1)
  {
    if(flagTx==true){
      flagTx = false;
      digitalWrite(LED,true);
      vTaskDelay(500/portTICK_PERIOD_MS);
      digitalWrite(LED,false);
    }
    vTaskDelay(500/portTICK_PERIOD_MS);
  }
}
```

```
void Task_OLED(void *p){
  pinMode(16,OUTPUT);
  digitalWrite(16, LOW);
  delay(50);
  digitalWrite(16, HIGH);
  display.init();
  display.flipScreenVertically();
  display.setTextAlignment(TEXT_ALIGN_LEFT);
  display.setFont(ArialMT_Plain_24);
  display.drawXbm(21,8,Tela_width,Tela_height,Tela_bits);
  display.display();
  delay(5000);
  display.clear();
  while(1){
    uint8_t v;
    portENTER_CRITICAL_ISR(&mux); //bloqueia o acesso
    v = valorP;
    portEXIT_CRITICAL_ISR(&mux); //libera o acesso
    display.clear();
    display.drawProgressBar(10,20,100,10,v);
    display.drawString(50, 40,String(v)+" %");
    display.display();
    vTaskDelay(500/portTICK_PERIOD_MS);
  }
}
```

O dado de nível no *dashboard* pode ser visto na Figura 11.11.

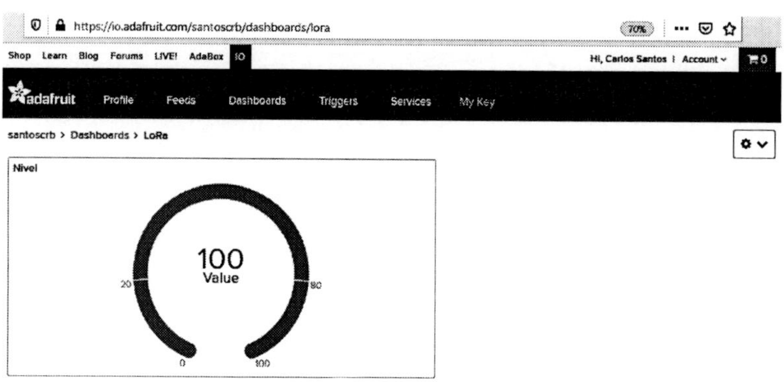

Figura 11.11: Dado publicado.

11.5. Problemas

Problema 11.1 — Logo. Crie ou edite um arquivo de imagem, imprimindo-a na tela de um ESP32 LoRa ou em um OLED I2C com um ESP32.

V Painéis para o display

12 Exemplos de telas

NESTE capítulo mostraremos algumas funções que imprimem algumas telas gráficas que podem ser utilizadas em seus projetos.

12.1. Tela bússola

NESSA tela, aparecerá um círculo com indicação angular, com um segmento de reta e a impressão do ângulo, em graus, como visto na Figura 12.1.

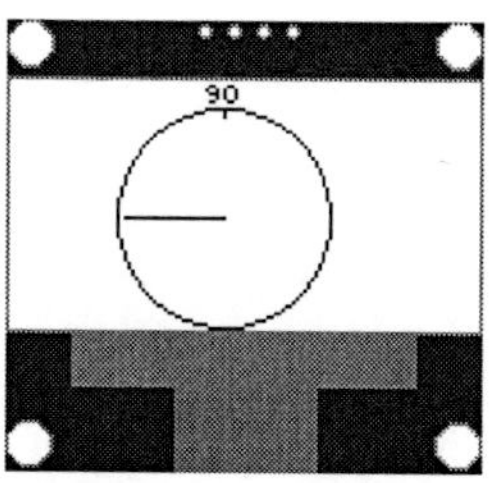

Figura 12.1: Tela OLED para bússola.

O comando utilizado pode ser visto a seguir.

```
des_Bussola(x0,y0,raio,angulo,alturaTexto,quadrante);
```

Em que:

x0	-	posição horizontal central;
y0	-	posição vertical central;
raio	-	raio do círculo;
angulo	-	ângulo atual da agulha;
alturaTexto	-	altura em que o valor do ângulo é impresso;
quadrante	-	quadrante em que o ângulo inicia-se com zero (1 a 4).

12.2. Telas arco

NESSAS telas, podemos imprimir o nível de combustível, de energia ou qualquer outra medida. A Figura 12.2a mostra o *des_arcoE*, cujo ponteiro gira em sentido horário com o aumento da variável medida. A Figura 12.2b mostra o *des_arcoD* cujo ponteiro gira em sentido anti-horário com o aumento do valor medido.

(a) Tela de arco horário. (b) Tela de arco anti horário.

Figura 12.2: Telas de arcos.

As funções são mostradas a seguir.

```
des_arcoE(x0,y0,raio ,valor ,valorMINIMO,valorMAXIMO);
des_arcoD(x0,y0,raio ,valor ,valorMINIMO,valorMAXIMO);
```

Em que:

x0	-	posição horizontal central;
y0	-	posição vertical central;
raio	-	raio do círculo;
valor	-	posição relativa em que a agulha será impressa;
valorMINIMO	-	menor valor da escala;
valorMAXIMO	-	maior valor da escala.

12.3. Tela IMU

O IMU é um dispositivo dotado de acelerômetros e de giroscópios, podendo fornecer esses dados nos três eixos, x, y e z. Na tela criada, há três parâmetros impressos nessa ferramenta, a inclinação longitudinal, transversal e angular, como mostrado na Figura 12.3.

Na tela da Figura 12.3, a leitura à esquerda corresponde à inclinação longitudinal, ao passo que a leitura à direita corresponde à inclinação lateral. Na leitura abaixo é mostrado o giro. Seus correspondentes gráficos são, respectivamente, a altura da linha, a inclinação da linha e a impressão do ponto em volta da região circular.

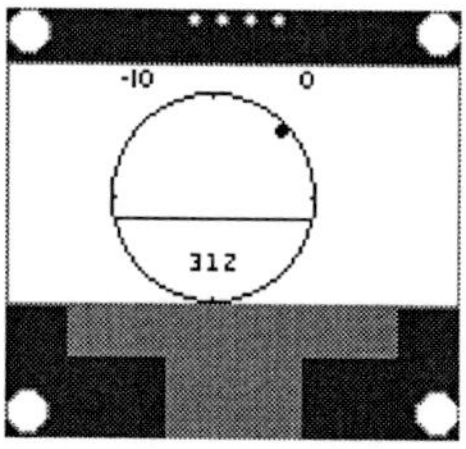

Figura 12.3: Tela OLED para IMU.

A função desenvolvida pode ser mostrada a seguir.

```
des_IMU(x0,y0,raio,alpha,beta,theta,alturaTEXTO);
```

Em que:

x0	-	posição horizontal central;
y0	-	posição vertical central;
raio	-	raio do círculo;
alpha	-	ângulo longitudinal;
beta	-	ângulo lateral;
theta	-	ângulo de giro;
alturaTEXTO	-	altura de impressão dos ângulos α e β.

12.4. Tela sonar

OUTRA tela apresentada nesta obra trata-se de uma tela que pode ser utilizada juntamente com um servo e o sensor ultrassônico HC-SR04.

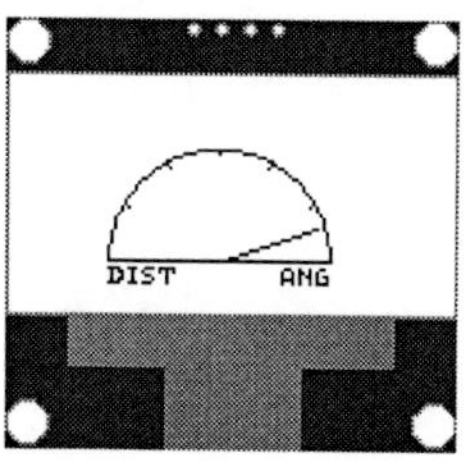

Figura 12.4: Tela para sonar.

A função desenvolvida para imprimir o sonar pode ser vista a seguir.

```
des_sonar(x0,y0,raio,distancia,dMAX,angulo);
```

Em que:

x0	-	posição horizontal central;
y0	-	posição vertical central;
raio	-	raio do círculo;
distancia	-	distância medida pelo sensor ultrassônico;
dMAX	-	distância máxima alcançada pelo sensor;
angulo	-	ângulo do servo.

12.5. Telas LED

Essas ferramentas são para imprimir o equivalente a LEDs ligados ou desligados. Para isso, foram criadas duas geometrias de LEDs, uma circular e uma retangular. A Figura 12.5 mostra LEDs desligados e ligados.

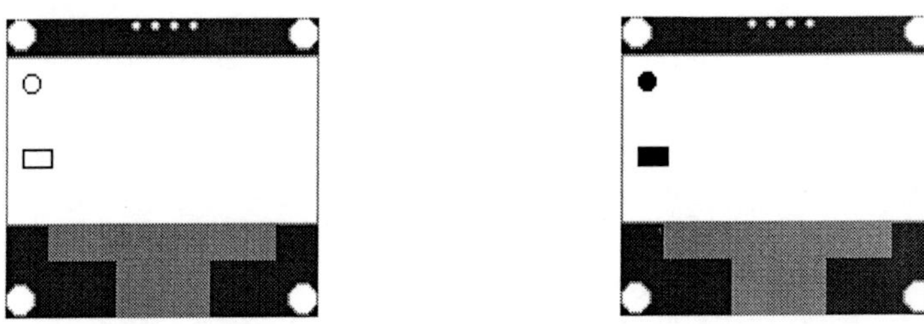

(a) LEDs desligados. (b) LEDs ligados.

Figura 12.5: Telas de LEDs circular e retangular.

As funções desenvolvidas podem ser mostradas no código a seguir.

```
des_LED(x0,y0,raio,estado);
des_LEDret(x0,y0,compX,compY,estado);
```

Em que:

x0	-	posição horizontal central;
y0	-	posição vertical central;
raio	-	raio LED;
compX	-	comprimento do LED;
compY	-	altura do LED;
estado	-	valor binário do estado do LED.

12.6. Algoritmo para tela IMU

A tela IMU pode ser utilizada com um joystick e um potenciômetro, conforme o circuito mostrado na Figura 12.6. O algoritmo utiliza uma *task*, no *core* 0, podendo ser visto a seguir.

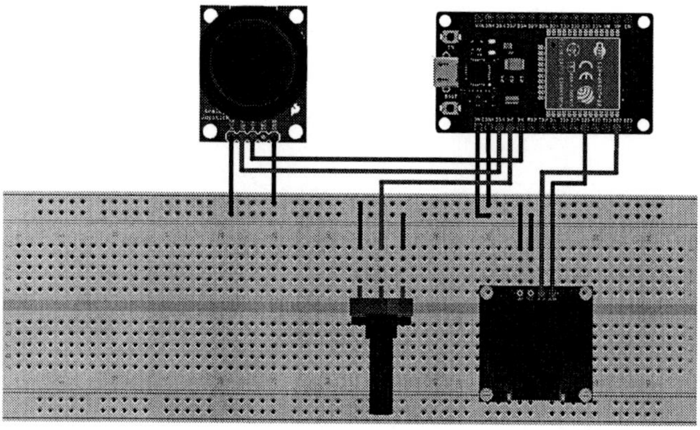

Figura 12.6: Circuito para simular a tela IMU.

Tela IMU

```
#include <Wire.h>
#include <SSD1306.h>
#include "cafe.h"
#define ANG_ALFA 15
#define ANG_BETA 4
#define ANG_TETA 2
SSD1306 display(0x3c, 21, 22);
int16_t alfa, beta, teta;
void setup(){
  Serial.begin(115200);
  xTaskCreatePinnedToCore(Task_OLED,"Task_OLED",
    2048,NULL,3,NULL,0);
  delay(500);
}
void loop(){
  alfa = map(analogRead(ANG_ALFA),0,4096,-90,90);
  beta = map(analogRead(ANG_BETA),0,4096,-90,90);
  teta = map(analogRead(ANG_TETA),0,4096,0,360);
  delay(500);
}
```

```
1 void Task_OLED(void *p){
2   display.init();
3   display.flipScreenVertically();
4   display.setTextAlignment(TEXT_ALIGN_CENTER);
5   display.clear();
6   display.drawXbm(36,16,cafe_width,cafe_width,cafe_bits);
7   display.display();
8   display.setFont(ArialMT_Plain_10);
9   delay(2000);
10  display.clear();
11  while(1){
12    display.clear();
13    des_IMU(63,40,23,alfa,beta,teta,12);
14    display.display();
15    delay(200);
16  }
17 }
```

12.7. Algoritmo para tela Arco

NESTE projeto utilizaremos o mesmo circuito da Figura 12.6, mas o sinal do potenciômetro não será utilizado. Na **Task_OLED**, substituiremos a função **des_IMU**, na linha 13 do *sketch*, pelas funções mostradas a seguir.

```
des_arcoE(1,38,23,alfa,-90,90);
des_arcoD(123,38,23,beta,-90,90);
```

12.8. Algoritmo para tela bússola

NESTA tela, também utilizaremos o circuito anterior, mas capturando o sinal do potenciômetro. Também substituiremos a função da linha 13 do *sketch* pela função:

```
des_Bussola(64,40,23,teta,12,2);
```

12.9. Algoritmo para tela sonar

NESTA tela são necessários dois parâmetros: sinal de distância e o ângulo em que a distância foi medida. Para aproveitar os códigos anteriores, vamos utilizar os dados do potenciômetro como ângulo e os sinais verticais como dados de distância.

```
#include <Wire.h>
#include <SSD1306.h>
#include "cafe.h"
#define ANG_ALFA 15
#define ANG_BETA 4
#define ANG_TETA 2
SSD1306 display(0x3c, 21, 22);
int16_t alfa, beta, teta;
void setup(){
  Serial.begin(115200);
  xTaskCreatePinnedToCore(Task_OLED,"Task_OLED",
  2048,NULL,3,NULL,0);
  delay(500);
}
void loop(){
  alfa = analogRead(ANG_ALFA);
  teta = map(analogRead(ANG_TETA),0,4096,0,180);
  delay(500);
}
void Task_OLED(void *p){
  display.init();
  display.flipScreenVertically();
  display.setTextAlignment(TEXT_ALIGN_CENTER);
  display.clear();
  display.drawXbm(36,16,cafe_width,cafe_width,cafe_bits);
  display.display();
  display.setFont(ArialMT_Plain_10);
  delay(2000);
  display.clear();
  while(1){
    display.clear();
    des_sonar(64,63,38,alfa,4096, teta);
    display.display();
    delay(200);
  }
}
```

12.10. Algoritmo para tela LED

As telas com LEDs são mais simples de serem utilizadas, por isso necessitam de *push buttons*. Para demonstração, criamos um circuito para a tela, mostrado na Figura 12.7.

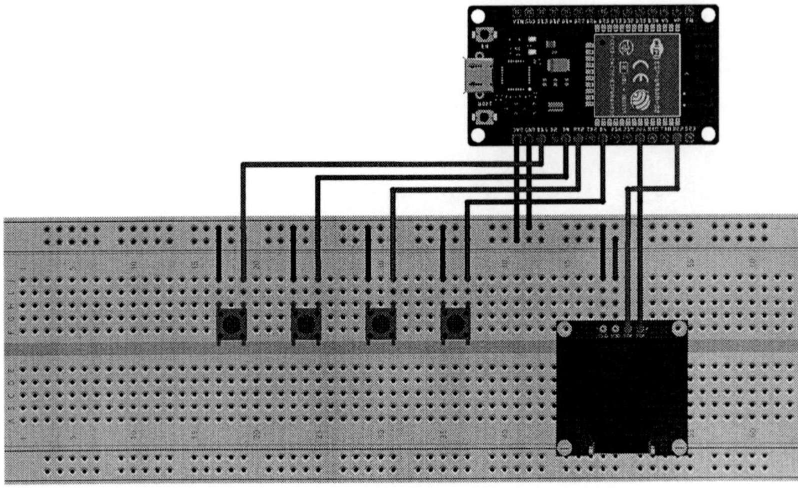

Figura 12.7: Circuito para controlar o acionamento da tela de LEDs.

O código completo pode ser visto a seguir.

```
#include <Wire.h>
#include <SSD1306.h>
#include "cafe.h"
SSD1306 display(0x3c, 21, 22);
bool bot1,bot2,bot3,bot4;
void setup(){
  Serial.begin(115200);
  xTaskCreatePinnedToCore(Task_OLED, "Task_OLED",
    2048,NULL,3,NULL,0);
  delay(500);
  pinMode(15,INPUT_PULLUP);
  pinMode(2,INPUT_PULLUP);
  pinMode(4,INPUT_PULLUP);
  pinMode(16,INPUT_PULLUP);
}
void loop(){
  bot1 = digitalRead(15);
  bot2 = digitalRead(4);
  bot3 = digitalRead(16);
  bot4 = digitalRead(5);
  delay(500);
}
```

```
void Task_OLED(void *p){
  display.init();
  display.flipScreenVertically();
  display.setTextAlignment(TEXT_ALIGN_CENTER);
  display.clear();
  display.drawXbm(36,16,cafe_width,cafe_width,cafe_bits);
  display.display();
  display.setFont(ArialMT_Plain_10);
  delay(2000);
  display.clear();
  while(1){
    display.clear();
    des_LED(10,25,5,bot1);
    des_LED(35,25,5,bot2);
    des_LEDret(60,25,12,10,bot3);
    des_LEDret(85,25,12,10,bot4);
    display.display();
    delay(200);
  }
}
```

13 Exemplos de painéis

NESTE capítulo vamos mostrar três exemplos de telas, em que utilizamos mais uma função para imprimir as telas mostradas anteriormente.

13.1. Projeto 1

NESTE projeto desenvolvemos uma tela em que há um painel com uma tela IMU, duas telas Arco e dois LEDs retangulares, monitorando, portanto, 7 variáveis. O circuito utilizado pode ser visto na Figura 13.1.

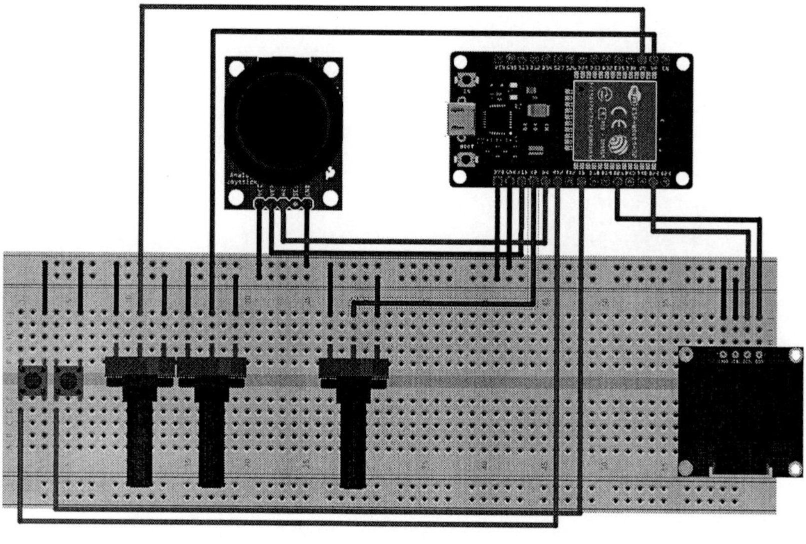

Figura 13.1: Circuito para o painel do projeto 1.

Um esquema da tela desenvolvida pode ser mostrada na Figura 13.2.

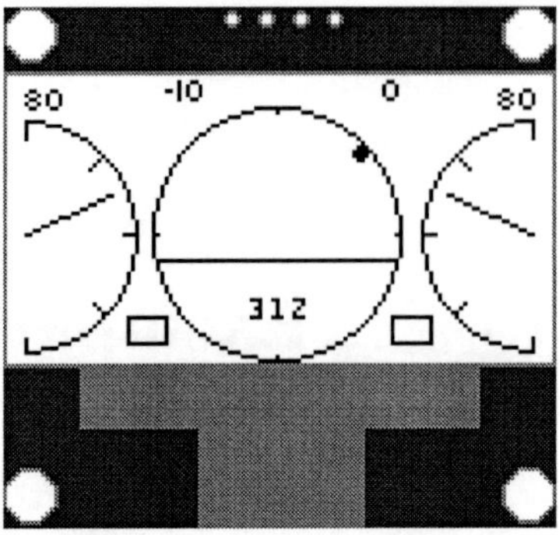

Figura 13.2: Tela desenvolvida com as funções demonstradas.

```
#include <Wire.h>
#include <SSD1306.h>
#include "cafe.h"
SSD1306 display(0x3c, 21, 22);
#define ANG_ALFA 15
#define ANG_BETA 4
#define ANG_TETA 2
#define ANG_ESQ 39
#define ANG_DIR 36
int16_t alfa, beta, teta,esq,dir;
bool b1,b2;
void setup(){
  Serial.begin(115200);
  xTaskCreatePinnedToCore(Task_OLED,"Task_OLED",
    2048,NULL,3,NULL,0);
  delay(500);
  pinMode(16,INPUT_PULLUP);
  pinMode(5,INPUT_PULLUP);
}
void loop(){
  alfa = map(analogRead(ANG_ALFA),0,4096,-90,90);
  beta = map(analogRead(ANG_BETA),0,4096,-90,90);
  teta = map(analogRead(ANG_TETA),0,4096,0,360);
  esq = map(analogRead(ANG_ESQ),0,4096,-90,90);
  dir = map(analogRead(ANG_DIR),0,4096,-90,90);
  b1 = digitalRead(16);
  b2 = digitalRead(5);
  delay(500);
}
```

```
void Task_OLED(void *p){
  display.init();
  display.flipScreenVertically();
  display.setTextAlignment(TEXT_ALIGN_CENTER);
  display.clear();
  display.drawXbm(36,16,cafe_width,cafe_width,cafe_bits);
  display.display();
  display.setFont(ArialMT_Plain_10);
  delay(2000);
  display.clear();
  while(1){
    display.clear();
    des_IMU(63,40,23,alfa,beta,teta,12);
    des_arcoE(1,38,23,esq,-90,90);
    des_arcoD(123,38,23,dir,-90,90);
    des_LEDret(32,59,10,8,b1);
    des_LEDret(94,59,10,8,b2);
    display.display();
    delay(100);
  }
}
```

13.2. Projeto 2

NESTE projeto vamos mostrar outra tela desenvolvida para o monitoramento de três variáveis angulares, duas analógicas e três digitais. A tela proposta é mostrada na Figura 13.3.

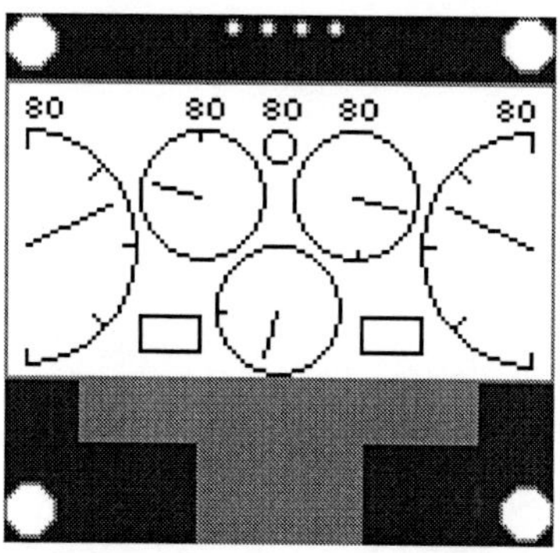

Figura 13.3: Tela desenvolvida com as funções demonstradas.

```
#include <Wire.h>
#include <SSD1306.h>
#include "cafe.h"

#define ANG_ALFA 15
#define ANG_BETA 4
#define ANG_TETA 2
#define ANG_ESQ 39
#define ANG_DIR 36

SSD1306 display(0x3c, 21, 22);
int16_t alfa, beta, teta, esq,dir;
bool b1,b2,b3;



void Task_OLED(void *p){
  display.init();
  display.flipScreenVertically();
  display.setTextAlignment(TEXT_ALIGN_CENTER);
  display.clear();
  display.drawXbm(36,16,cafe_width,cafe_width,cafe_bits);
  display.display();
  display.setFont(ArialMT_Plain_10);
  delay(2000);
  display.clear();
  while(1){
    display.clear();
    des_arcoD(123,40,23,dir,0,360);
    des_arcoE(0,40,23,esq,0,360);
    des_Bussola(38,29,13,alfa,12,2);
    des_Bussola(85,29,13,beta,12,4);
    des_Bussola(61,50,13,teta,33,3);
    des_LED(62,22,5,b1);
    des_LEDret(35,55,15,10,b2);
    des_LEDret(88,55,15,10,b3);
    display.display();
    ii++;
    if(ii==360){
      ii=0;
    }
    delay(200);
  }
}
```

```
void setup(){
  Serial.begin(115200);
  xTaskCreatePinnedToCore(Task_OLED, "Task_OLED",
  2048,NULL,3,NULL,0);
  delay(500);
  pinMode(16,INPUT_PULLUP);
  pinMode(5,INPUT_PULLUP);
  pinMode(18,INPUT_PULLUP);
}
void loop(){
  alfa = map(analogRead(ANG_ALFA),0,4096,-90,90);
  beta = map(analogRead(ANG_BETA),0,4096,-90,90);
  teta = map(analogRead(ANG_TETA),0,4096,0,360);
  esq = map(analogRead(ANG_ESQ),0,4096,0,360);
  dir = map(analogRead(ANG_DIR),0,4096,0,360);
  b1 = digitalRead(16);
  b2 = digitalRead(5);
  b3 = digitalRead(18);
  delay(500);
}
```

O circuito que permite manipular os dados de entrada pode ser visto na Figura 13.4.

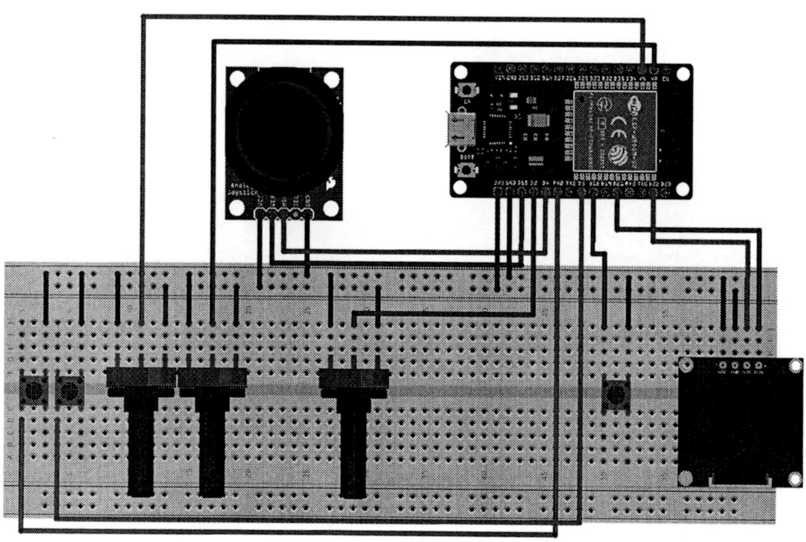

Figura 13.4: Circuito para o painel do projeto 2.

13.3. Projeto 3

NESTE projeto vamos retomar o projeto mostrado na seção 9.6, em que dois ESP32 foram conectados por meio do protocolo ESP NOW. Desse projeto, modificaremos a parte de controle do tanque, ou seja, o dispositivo mestre. Para isso, vamos escrever os dados no OLED utilizando a tela da Figura 13.2. O *sketch* é mostrado a seguir.

```
#include <esp_now.h>
#include <WiFi.h>
#include"cafe.h"
#include<SSD1306.h>
esp_now_peer_info_t peer;
uint8_t enderecoMAC[6] = {0x24,0x6F,0x28,0x15,0x91,0x0C};
SSD1306 display(0x3c, 21, 22);

typedef struct{
   uint16_t mEsq;
   uint16_t mDir;
   uint8_t sentEsq;
   uint8_t sentDir;
}TdadoMestre;

typedef struct{
   double angVert;
   double angHor;
   double giroZ;
}TdadoEscravo;

TdadoMestre dadoCon;
TdadoEscravo dadoEsc;

void setup() {
   Serial.begin(115200);
   modeStation();
   InitESPNow();
   addPeer(enderecoMAC);
   esp_now_register_recv_cb(ESPNOWrecebe);
   esp_now_register_send_cb(ESPNOWenvia);
   xTaskCreatePinnedToCore(Task_OLED, "Task_OLED",
   2048,NULL,3,NULL,1);
   delay(500);
   xTaskCreatePinnedToCore(Task_envia, "Task_envia",
   10000,NULL,1,NULL,0);
   delay(500);
}
```

```
void loop() {
}
void ESPNOWrecebe(const uint8_t *mac_addr,
  const uint8_t *rxdata, int len) {
    memcpy(&dadoEsc,rxdata,sizeof(dadoEsc));
  Serial.println("Recebido ");
  Serial.println(dadoEsc.angVert);
  Serial.println(dadoEsc.angHor);
  Serial.println(dadoEsc.giroZ);
}
void ESPNOWenvia(const uint8_t *mac_addr,
    esp_now_send_status_t status) {
  Serial.println(status==ESP_NOW_SEND_SUCCESS ?
  "Pacote enviado com sucesso" : "Falha de envio");
}
void modeStation(){
  WiFi.mode(WIFI_STA);
  Serial.print("Endereco MAC do dispositivo: ");
  Serial.println(WiFi.macAddress());
}
void InitESPNow() {
  if(esp_now_init() == ESP_OK) {
    Serial.println("ESP Now iniciado com sucesso");
  }else{
    Serial.println("ESPNow - falha de inicializacao");
    ESP.restart();
  }
}
void addPeer(uint8_t *peerMacAddress){
  peer.encrypt = 0; //criptografia : 0-sem 1-com
  memcpy(peer.peer_addr, peerMacAddress, 6);
  esp_now_add_peer(&peer);
}
void Task_envia(void *p){
  pinMode(4,INPUT_PULLUP);
  pinMode(15,INPUT_PULLUP);
  while(1){
    dadoCon.mEsq = analogRead(34);
    dadoCon.mDir = analogRead(35);
    dadoCon.sentEsq = digitalRead(15);
    dadoCon.sentDir = digitalRead(4);
    esp_now_send(enderecoMAC,(uint8_t *) &dadoCon,
    sizeof(dadoCon));
    delay(5000);
  }
}
```

```
void Task_OLED(void *p){
  display.init();
  display.flipScreenVertically();
  display.setTextAlignment(TEXT_ALIGN_CENTER);
  display.clear();
  display.drawXbm(36,16,cafe_width,cafe_width,cafe_bits);
  display.display();
  display.setFont(ArialMT_Plain_10);
  delay(2000);
  display.clear();
  while(1){
    display.clear();
    int16_t vert = map(dadoEsc.angVert,0,4095,0,90);
    int16_t hor = map(dadoEsc.angHor,0,4095,0,90);
    int16_t gir = map(dadoEsc.giroZ,0,4095,0,360);
    des_IMU(63,40,23,vert,hor,gir,12);
    des_arcoE(1,38,23,dadoCon.mDir,0,4095);
    des_arcoD(123,38,23,dadoCon.mEsq,0,4095);
    des_LEDret(32,59,10,8,dadoCon.sentEsq);
    des_LEDret(94,59,10,8,dadoCon.sentDir);
    display.display();
    delay(500);
  }
}
```

Como visto, o *sketch* ficou um pouco grande. Para facilitar seu entendimento, edição e compreensão, recomendamos usar pelo menos uma aba para cada *task*. Como visto, cada *task* funciona de forma independente, onde apenas os recursos compartilhados podem interferir no funcionamento de cada uma. Neste projeto, apenas as *structs* são compartilhadas, cabendo a você inserir o *mutex* neste projeto.

13.4. Projeto 4

NESTE projeto vamos imprimir no OLED a tela IMU a partir do MPU 6050, que pode ser visto na Figura 13.5. Nela, são mostrados os parâmetros: α, β e **gZ**, que são, respectivamente, ângulo de inclinação longitudinal, ângulo de inclinação lateral e ângulo de giro.

A leitura dos dados do MPU 6050 é realizada pelo ESP32 A, que envia os dados para o ESP32 B por meio do protocolo ESP-NOW, como visto na Figura 13.6. No ESP32 B, são impressos os dados transmitidos através do OLED, usando a função *des_IMU*, já vista.

13.4.1 Entendendo o MPU6050

Antes de iniciarmos o projeto, devemos conhecer um pouco mais sobre o MPU6050. Essa placa deve ser previamente calibrada, para possibilitar o correto cálculo de α, β e **gZ**. Para isso, basta executar o *sketch* a seguir, deixando o MPU6050 em repouso, na horizontal.

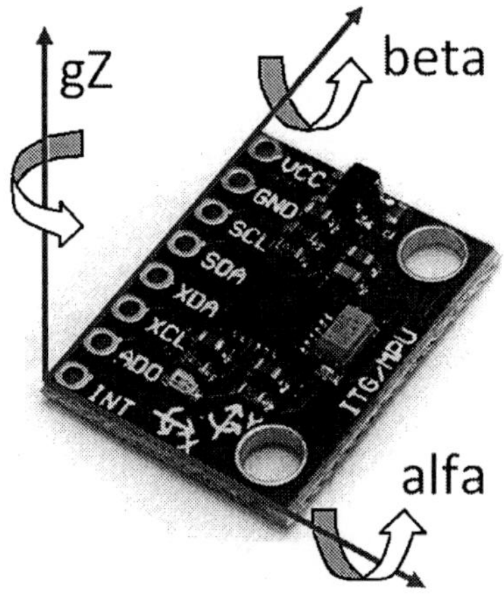

Figura 13.5: MPU 6050.

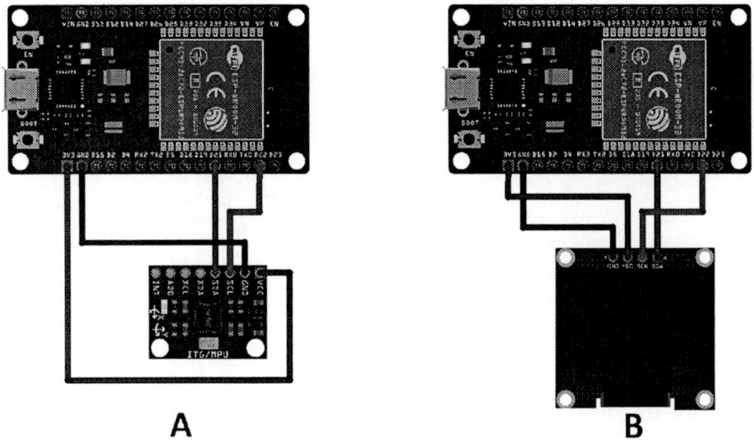

Figura 13.6: Circuitos do projeto 4.

Calibracao

```
#include <mpu6050.h>
int i = 0;
mpu6050 imu;
double ax,ay,az,gx,gy,gz;
void setup() {
  ax = 0; ay = 0; az = 0;
  gx = 0; gy = 0; gz = 0;
  Serial.begin(115200);
  imu.begin();
  imu.setMediaAX(0); imu.setMediaAY(0);
  imu.setMediaAZ(0); imu.setMediaGX(0);
  imu.setMediaGY(0); imu.setMediaGZ(0);
  Serial.println("I n i c i a n d o . . .");
  Serial.println("Deixe o MPU6050 na horizontal.");
  delay(5000);
}

void loop() {
  if(i<10000){
    imu.read();
    ax += imu.aX_float; ay += imu.aY_float;
    az += imu.aZ_float; gx += imu.gX_float;
    gy += imu.gY_float; gz += imu.gZ_float;
    Serial.print(String(imu.aX_float)+"\t");
    Serial.print(String(imu.aY_float)+"\t");
    Serial.print(String(imu.aZ_float)+"\t");
    Serial.print(String(imu.gX_float)+"\t");
    Serial.print(String(imu.gY_float)+"\t");
    Serial.println(String(imu.gZ_float)+"\t");
    i++;
    if(i==10000){
      ax/=i; ay/=i; az/=i;
      gx/=i; gy/=i; gz/=i;
      Serial.println("---");
      Serial.print(String(ax,8)+"\t");
      Serial.print(String(ay,8)+"\t");
      Serial.print(String(az,8)+"\t");
      Serial.print(String(gx,8)+"\t");
      Serial.print(String(gy,8)+"\t");
      Serial.println(String(gz,8)+"\t");
    }
  }
}
```

Após a execução do *sketch* de calibração, obtemos dados como mostrado na Figura 13.7. Na última linha é mostrada a média dos valores obtidos.

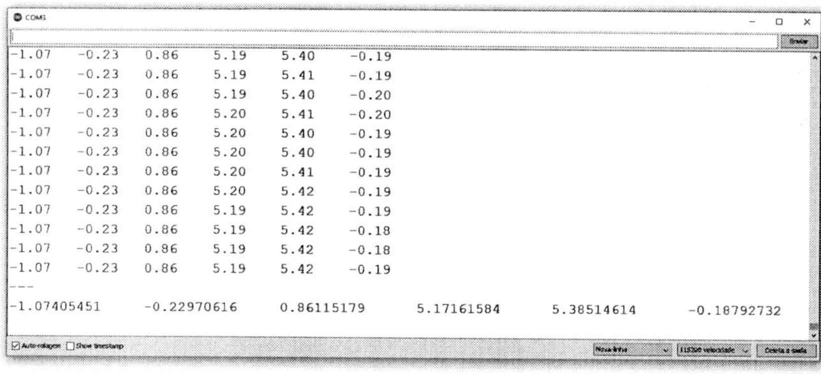

Figura 13.7: Obtendo dados de calibração.

13.4.2 O circuito transmissor

Lembramos que cada placa MPU6050 terá valores de calibração diferentes. Os dados de calibração devem ser atualizados no *sketch* a seguir, na *task* **leituraIMU**, vista na página 168.

ESP32 A

```
#include <esp_now.h>
#include <WiFi.h>
#include <mpu6050.h>

portMUX_TYPE mux = portMUX_INITIALIZER_UNLOCKED;
mpu6050 imu;
typedef struct{
  float alfa;
  float beta;
  float gyroZ;
}Timu;

Timu sensor;
esp_now_peer_info_t peer;
uint8_t peerMacAddress[6] = {0xFF,0xFF,0xFF,
  0xFF,0xFF,0xFF};

void ESPNOWenvia(const uint8_t *mac_addr,
esp_now_send_status_t status) {
  Serial.println(status == ESP_NOW_SEND_SUCCESS ?
  "Pacote enviado com Sucesso" : "Falha de envio");
}
```

```
void setup() {
  modeStation();
  InitESPNow();
  addPeer(peerMacAddress);
  esp_now_register_send_cb(ESPNOWenvia);
  Serial.begin(115200);
  xTaskCreatePinnedToCore(leituraIMU, "leituraIMU",
  10000,NULL,5,NULL,0);
  delay(500);
  xTaskCreatePinnedToCore(Task_Envia, "Envia",
  10000,NULL,5,NULL,1);
  delay(500);
  Serial.println("Iniciando...");
  disableCore0WDT();
  disableCore1WDT();
}

void loop() {
  sensor.alfa = imu.alfa;
  sensor.beta = imu.beta;
  sensor.gyroZ = imu.gZ;
  delay(100);
}

void leituraIMU( void * pvParameters ){
  imu.begin();
  imu.setMediaAX(-1.07405451); //Calibracao
  imu.setMediaAY(-0.22970616);
  imu.setMediaAZ(0.86115179);
  imu.setMediaGX(5.17161584);
  imu.setMediaGY(5.38514614);
  imu.setMediaGZ(-0.18792732);
  do{
    imu.read();
    delay(100);
  }while(1);
}

void modeStation(){
  WiFi.mode(WIFI_STA);
  Serial.print("Endereco MAC: ");
  Serial.println(WiFi.macAddress());
}
```

```
void InitESPNow() {
  if (esp_now_init() == ESP_OK) {
    Serial.println("ESPNow iniciado com sucesso!");
  }else{
    Serial.println("Falha de start do ESPNow");
    ESP.restart();
  }
}

void addPeer(uint8_t *peerMacAddress){
  peer.encrypt = 0;
  memcpy(peer.peer_addr, peerMacAddress, 6);
  esp_now_add_peer(&peer);
}

void Task_Envia(void *p){
  while(1){
    esp_now_send(peerMacAddress,(uint8_t*) &sensor,
    sizeof(sensor));
    Serial.println(sensor.alfa);
    Serial.println(sensor.beta);
    Serial.println(sensor.gZ);
    delay(1000);
  }
}
```

13.4.3 O circuito receptor

O *sketch* do ESP32 B, que recebe as informações, é visto a seguir. Este *sketch* utiliza a função **des_IMU**.

ESP32 B

```
#include <esp_now.h>
#include <WiFi.h>
#include<SSD1306.h>
typedef struct{
  float alfa;
  float beta;
  float gyroZ;
}Timu;
Timu sensor;
SSD1306 display(0x3c, 21, 22);
```

```
void setup() {
  Serial.begin(115200);
  modeStation();
  InitESPNow();
  esp_now_register_recv_cb(onDataRecv);
  xTaskCreatePinnedToCore(Task_OLED,"Task_OLED",
  2048,NULL,3,NULL,0);
  delay(500);
}
void loop() {
}
void onDataRecv(const uint8_t *mac_addr,
const uint8_t *value, int len) {
  memcpy(&sensor, value, sizeof(sensor));
}
void modeStation(){
  WiFi.mode(WIFI_STA);
  Serial.print("MAC do dispositivo: ");
  Serial.println(WiFi.macAddress());
}
void InitESPNow() {
  if (esp_now_init() == ESP_OK) {
    Serial.println("ESPNow iniciado com sucesso!");
  }else{
    Serial.println("Falha de start do ESPNow!");
    ESP.restart();
  }
}
void Task_OLED(void *p){
  display.init();
  display.flipScreenVertically();
  display.setTextAlignment(TEXT_ALIGN_CENTER);
  display.setFont(ArialMT_Plain_10);
  while(1){
    display.clear();
    int16_t vert = sensor.alfa;
    int16_t hor = sensor.beta;
    int16_t gir = sensor.gyroZ;
    des_IMU(63,40,23,vert,hor,gir,12);
    display.display();
    delay(500);
  }
}
```

13.4.4 A biblioteca MPU6050

A biblioteca utilizada para o MPU6050 pode ser vista a seguir.

Arquivo mpu6050.H

```
#ifndef _mpu6050_SantosCRB
#define _mpu6050_SantosCRB
#include <Arduino.h>
#include <Wire.h>
#include <filtrosDigitaisCRB.h>
class mpu6050{
  public:
  mpu6050();
  ~mpu6050();
  void begin();
  void setMediaAX(float media);
  void setMediaAY(float media);
  void setMediaAZ(float media);
  void setMediaGX(float media);
  void setMediaGY(float media);
  void setMediaGZ(float media);
  void read();
  float aX;
  float aY;
  float aZ;
  float gX;
  float gY;
  float gZ;
  float alfa,beta;  //inclinacao longitudinal e lateral
  FPB filtroGX,filtroGY,filtroGZ;
  FPB filtroAX,filtroAY,filtroAZ;
  float aX_float;
  float aY_float;
  float aZ_float;
  float gX_float;
  float gY_float;
  float gZ_float;
  private:
  float mediaAX;
  float mediaAY;
  float mediaAZ;
  float mediaGX;
  float mediaGY;
  float mediaGZ;
  int32_t dt,ti;
  int16_t gX_Long;
  int16_t gY_Long;
  int16_t gZ_Long;
};
#endif
```

Arquivo mpu6050.CPP

```
#include "mpu6050.h"
mpu6050::mpu6050(){
  mediaAX = 0;
  mediaAY = 0;
  mediaAZ = 0;
  mediaGX = 0;
  mediaGY = 0;
  mediaGZ = 0;
  gX = 0;
  gY = 0;
  gZ = 0;
  filtroAX.setAlpha(0.95);
  filtroAY.setAlpha(0.95);
  filtroAZ.setAlpha(0.95);
  filtroGX.setAlpha(0.95);
  filtroGY.setAlpha(0.95);
  filtroGZ.setAlpha(0.95);
  ti = micros();
}
mpu6050::~mpu6050(){

}
void mpu6050::begin(){
  Wire.begin();
  delay(50);
  Wire.beginTransmission(0b1101000);
  Wire.write(0x6B);
  Wire.write(0b00000000);
  Wire.endTransmission();
  Wire.beginTransmission(0b1101000);
  Wire.write(0x1C);
  Wire.write(0b00000000);
  Wire.endTransmission();
}
void mpu6050::setMediaAX(float media){
  mediaAX = media;
}
void mpu6050::setMediaAY(float media){
  mediaAY = media;
}
void mpu6050::setMediaAZ(float media){
  mediaAZ = media;
}
```

```
void mpu6050::read(){
  float F;
  int16_t aX_Long;
  int16_t aY_Long;
  int16_t aZ_Long;
  Wire.beginTransmission(0b1101000);
  Wire.write(0x3B);
  Wire.endTransmission();
  Wire.requestFrom(0b1101000,6);
  while(Wire.available() < 6);
  aX_Long = Wire.read() << 8|Wire.read();
  aY_Long = Wire.read() << 8|Wire.read();
  aZ_Long = Wire.read() << 8|Wire.read();
  aX_float = aX_Long / 16384.0;
  aY_float = aY_Long / 16384.0;
  aZ_float = aZ_Long / 16384.0;
  Wire.beginTransmission(0b1101000);
  Wire.write(0x43);
  Wire.endTransmission();
  Wire.requestFrom(0b1101000,6);
  while(Wire.available() < 6);
  gX_Long = Wire.read() << 8|Wire.read();
  gY_Long = Wire.read() << 8|Wire.read();
  gZ_Long = Wire.read() << 8|Wire.read();
  gX_float = -gX_Long /131.0;
  gY_float = -gY_Long /131.0;
  gZ_float = gZ_Long /131.0;
  gX_float = filtroGX.update(gX_float);
  gY_float = filtroGY.update(gY_float);
  gZ_float = filtroGZ.update(gZ_float);
  aX_float = filtroAX.update(aX_float);
  aY_float = filtroAY.update(aY_float);
  aZ_float = filtroAZ.update(aZ_float);
  dt = micros()-ti;
  if(dt>=100000){
    gX+=(double)((int16_t)(gX_float-mediaGX)*10)/(100.0);
    gY+=(double)((int16_t)(gY_float-mediaGY)*10)/(100.0);
    gZ+=(double)((int16_t)(gZ_float-mediaGZ)*10)/(100.0);
    ti = micros();
  }
  aX = aX_float-mediaAX;
  aY = aY_float-mediaAY;
  aZ = aZ_float; //-mediaAZ;
  F = sqrt((aX*aX)+(aY*aY)+(aZ*aZ));
  alfa = 180*asin(aX/F)/PI;
  beta = -180*asin(aY/F)/PI;
}
```

```
void mpu6050::setMediaGX(float media){
  mediaGX = media;
}
void mpu6050::setMediaGY(float media){
  mediaGY = media;
}
void mpu6050::setMediaGZ(float media){
  mediaGZ = media;
}
```

13.4.5 Detalhes sobre a biblioteca MPU6050

Essa biblioteca foi projetada para fornecer os ângulos de inclinação lateral e longitudinal, além de fornecer o giro de cada eixo. Os comandos mais utilizados são, portanto, os destacados a seguir.

```
a = imu.alfa;
b = imu.beta;
tetax = imu.gX;
tetay = imu.gY;
tetaz = imu.gZ;
```

O processo de calibração, já destacado, é imprescindível para o bom funcionamento do seu projeto. Este é um processo que não precisa ser realizado o tempo todo, mas pelo menos uma vez.

Quanto à parte do giroscópio, este apenas fornecerá o ângulo de giro corretamente se a IMU for lida pelo menos a cada 100 milissegundos, caso contrário haverá erros, deixando de fornecer o ângulo corretamente. Isso se dá em razão da natureza do MPU6050 que, para obter o ângulo de giro, é necessário um cálculo de integração, uma vez que o dispositivo fornece a velocidade angular. O comando de leitura da biblioteca é mostrado a seguir.

```
imu.read();
```

Uma característica importante sobre os valores de velocidade angular e de aceleração é que há muito ruído. Devido a isso, a biblioteca utiliza um filtro passa-baixas.

13.5. Problemas

Problema 13.1 Modificar o projeto 3 de forma a inserir *mutex* ao projeto.

14 Funções das telas

NESTE capítulo deixaremos os códigos utilizados para a impressão das telas utilizadas no capítulo anterior. Esses códigos devem ser copiados diretamente para o *sketch* do seu projeto.

14.1. Funções LEDs

```
void des_LEDret(uint16_t x0, uint16_t y0, uint16_t compX,
uint16_t compY, bool estado){
  if(estado==true){
    display.fillRect(x0-compX/2,y0-compY/2,compX,compY);
  }else{
    display.drawRect(x0-compX/2,y0-compY/2,compX, compY);
  }
}
void des_LED(uint16_t x0, uint16_t y0,
uint16_t raio, bool estado){
  if(estado==true){
    display.fillCircle(x0,y0,raio);
  }else{
    display.drawCircle(x0,y0,raio);
  }
}
```

14.2. Função Bússola

```
void des_Bussola(uint16_t x0,uint16_t y0,uint16_t raio,
int16_t angulo, uint16_t dist, uint8_t quadrante){
  uint16_t _RAIO;
  int16_t ang;
  uint16_t xx,xxx;
  uint16_t yy,yyy;
  _RAIO = raio - 3;
  ang = angulo;
  quadrante = constrain(quadrante,1,4);
  switch(quadrante){
    case 1: angulo+=90;
    break;
    case 2: angulo+=180;
    break;
    case 3: angulo +=270;
    break;
  }
  xx = raio*sin(quadrante*PI/2);
  yy = raio*cos(quadrante*PI/2);
  xxx = _RAIO*sin(quadrante*PI/2);
  yyy = _RAIO*cos(quadrante*PI/2);
  display.drawLine(xxx+x0,yyy+y0,xx+x0,yy+y0);
  xx = _RAIO*sin(angulo*PI/180);
  yy = _RAIO*cos(angulo*PI/180);
  display.drawCircle(x0, y0, raio);
  display.drawLine(x0,y0,xx+x0,yy+y0);
  display.setTextAlignment(TEXT_ALIGN_CENTER);
  display.setFont(ArialMT_Plain_10);
  display.drawString(x0,y0-raio-dist, String(ang));
}
```

14.3. Função sonar

```
void des_sonar(uint16_t x0, uint16_t y0, uint16_t raio,
  uint32_t distancia, uint32_t distancia_MAX, int16_t ang){
  static uint16_t obstaculo[180];
  uint16_t xa, ya, xp, yp;
  uint16_t dist;
  y0-=9; //Deslocando para cima
  distancia = constrain(distancia, 0, distancia_MAX);
  ang = constrain(ang, 0, 180);
  dist = map(distancia, 0, distancia_MAX, 0, raio);
  for(byte i=0;i<=180;i++){
    xa = raio*sin(i*PI/180+PI/2);
    ya = raio*cos(i*PI/180+PI/2);
    xp = (raio-3)*sin(i*PI/180+PI/2);
    yp = (raio-3)*cos(i*PI/180+PI/2);
    display.setPixel(xa+x0, ya+y0);
    display.drawLine(x0-raio, y0, raio+x0, y0);
    if((i==0)||(i==30)||(i==60)||(i==90)||(i==120)
    ||(i==150)||(i==180)){
      display.drawLine(x0+xp, y0+yp, xa+x0, ya+y0);
    }
    if(i==ang){
      obstaculo[i] = dist;
      xp = obstaculo[i]*sin(i*PI/180+PI/2);
      yp = obstaculo[i]*cos(i*PI/180+PI/2);
      display.drawLine(x0, y0, xp+x0, yp+y0);
    }else{
      xp = obstaculo[i]*sin(i*PI/180+PI/2);
      yp = obstaculo[i]*cos(i*PI/180+PI/2);
    }
    display.setPixel(xp+x0, yp+y0);
  }
  display.setFont(ArialMT_Plain_10);
  display.setTextAlignment(TEXT_ALIGN_LEFT);
  display.drawString(x0-raio, y0, String(distancia));
  display.setTextAlignment(TEXT_ALIGN_RIGHT);
  display.drawString(x0+raio, y0, String(ang));
}
```

14.4. Função IMU

```
void des_IMU(uint16_t x0,uint16_t y0,uint16_t RAIO,
    int16_t alpha, int16_t beta, int16_t theta,
    uint16_t dist){
  int16_t _RAIO = RAIO - 3;
  int16_t raio;
  int16_t xx1,xx2;
  int16_t xt,yt;
  int16_t yy1,yy2;
  int16_t xr,yr,xp1,yp1,xp2,yp2;
  int16_t b = beta;
  beta+=90;
  xx1 = RAIO*sin(beta*PI/180);
  yy1 = RAIO*cos(beta*PI/180);
  xx2 = RAIO*sin(beta*PI/180+PI);
  yy2 = RAIO*cos(beta*PI/180+PI);
  raio = RAIO*sin(abs(alpha)*PI/180);
  xr = raio*sin(beta*PI/180+PI/2);
  yr = raio*cos(beta*PI/180+PI/2);
  xp1 = RAIO*sin((beta+alpha)*PI/180);
  yp1 = RAIO*cos((beta+alpha)*PI/180);
  xp2 = RAIO*sin((beta-alpha)*PI/180);
  yp2 = RAIO*cos((beta-alpha)*PI/180);
  xt = (RAIO-3)*sin(theta*PI/180+PI);
  yt = (RAIO-3)*cos(theta*PI/180+PI);
  display.drawCircle(x0, y0, RAIO);
  display.drawLine(x0-RAIO,y0,x0-_RAIO,y0);
  display.drawLine(x0,y0-RAIO,x0,y0-_RAIO);
  display.drawLine(x0+RAIO,y0,x0+_RAIO,y0);
  display.drawLine(x0,y0+RAIO,x0,y0+_RAIO);
  display.fillCircle(xt+x0,yt+y0,3);
  display.drawLine(xp1+x0,yp1+y0,-xp2+x0,-yp2+y0);
  display.setFont(ArialMT_Plain_10);
  display.setTextAlignment(TEXT_ALIGN_LEFT);
  display.drawString(x0-RAIO,y0-RAIO-dist,String(alpha));
  display.setTextAlignment(TEXT_ALIGN_CENTER);
  display.drawString(x0,y0,String(theta));
  display.setTextAlignment(TEXT_ALIGN_RIGHT);
  display.drawString(x0+RAIO,y0-RAIO-dist,String(b));
}
```

14.5. Função arcoD

```
void des_arcoD(uint16_t x0,uint16_t y0,uint16_t RAIO,
  int32_t valor,int32_t valorMINIMO,int32_t valorMAXIMO){
  uint16_t _RAIO = RAIO - 4;
  int16_t xx,yy,xxx,yyy;
  uint16_t angulo;
  valor = constrain(valor,valorMINIMO,valorMAXIMO);
  angulo = map(valor,valorMINIMO,valorMAXIMO,0,180);
  xx = RAIO*sin(0*PI/180);
  xxx = 2*xx/3;
  yy = RAIO*cos(0*PI/180);
  yyy = 2*yy/3;
  display.drawLine(x0+xxx,y0+yyy,x0+xx,y0+yy);
  for (uint16_t x=0;x<=180;x++){
    xx = -RAIO*sin(x*PI/180);
    yy = RAIO*cos(x*PI/180);
    display.setPixel(xx+x0, yy+y0);
  }
  xxx = 2*xx/3;
  yyy = 2*yy/3;
  display.drawLine(x0+xxx,y0+yyy,x0+xx,y0+yy);
  xx = -RAIO*sin(PI/2);
  yy = RAIO*cos(PI/2);
  xxx = 3*xx/4;
  yyy = 3*yy/4;
  display.drawLine(x0+xxx,y0+yyy,x0+xx,y0+yy);
  xx = -RAIO*sin(3*PI/4);
  yy = RAIO*cos(3*PI/4);
  xxx = 3*xx/4;
  yyy = 3*yy/4;
  display.drawLine(x0+xxx,y0+yyy,x0+xx,y0+yy);
  xx = -RAIO*sin(PI/4);
  yy = RAIO*cos(PI/4);
  xxx = 3*xx/4;
  yyy = 3*yy/4;
  display.drawLine(x0+xxx,y0+yyy,x0+xx,y0+yy);
  xx = -_RAIO*sin(angulo*PI/180);
  yy = _RAIO*cos(angulo*PI/180);
  display.drawLine(x0,y0,x0+xx,y0+yy);
  display.setTextAlignment(TEXT_ALIGN_RIGHT);
  display.setFont(ArialMT_Plain_10);
  display.drawString(x0,y0-RAIO-12,String(valor));
}
```

14.6. Função arcoE

```
void des_arcoE(uint16_t x0,uint16_t y0,uint16_t RAIO,
  int32_t valor,int32_t valorMINIMO,int32_t valorMAXIMO){
  uint16_t _RAIO = RAIO - 4;
  int16_t xx,yy,xxx,yyy;
  uint16_t angulo;
  valor = constrain(valor,valorMINIMO,valorMAXIMO);
  angulo = map(valor,valorMINIMO,valorMAXIMO,0,180);
  xx = RAIO*sin(0*PI/180);
  xxx = 2*xx/3;
  yy = RAIO*cos(0*PI/180);
  yyy = 2*yy/3;
  display.drawLine(x0+xxx,y0+yyy,x0+xx,y0+yy);
  for (uint16_t x=0;x<=180;x++){
    xx = RAIO*sin(x*PI/180);
    yy = RAIO*cos(x*PI/180);
    display.setPixel(xx+x0, yy+y0);
  }
  xxx = 2*xx/3;
  yyy = 2*yy/3;
  display.drawLine(x0+xxx,y0+yyy,x0+xx,y0+yy);
  xx = RAIO*sin(PI/2);
  yy = RAIO*cos(PI/2);
  xxx = 3*xx/4;
  yyy = 3*yy/4;
  display.drawLine(x0+xxx,y0+yyy,x0+xx,y0+yy);
  xx = RAIO*sin(3*PI/4);
  yy = RAIO*cos(3*PI/4);
  xxx = 3*xx/4;
  yyy = 3*yy/4;
  display.drawLine(x0+xxx,y0+yyy,x0+xx,y0+yy);
  xx = RAIO*sin(PI/4);
  yy = RAIO*cos(PI/4);
  xxx = 3*xx/4;
  yyy = 3*yy/4;
  display.drawLine(x0+xxx,y0+yyy,x0+xx,y0+yy);
  xx = _RAIO*sin(angulo*PI/180);
  yy = _RAIO*cos(angulo*PI/180);
  display.drawLine(x0,y0,x0+xx,y0+yy);
  display.setTextAlignment(TEXT_ALIGN_LEFT);
  display.setFont(ArialMT_Plain_10);
  display.drawString(x0,y0-RAIO-12,String(valor));
}
```

VI Respostas dos capítulos

15 Respostas do Livro

15.1. Respostas do Capítulo 1

Problemas do Capítulo 1.

Problema 1.1 - O Arduino Mega 2560 funciona com 5 V, 54 portas de I/O e 16 MHz. O Arduino Due funciona com 3,3 V, 54 portas, 84 MHz. O ESP32 funciona com 3,3 V, com dois processadores de 80 MHz, possuindo WiFi e Bluetooth.

Problema 1.2 - Multitarefas pode ser entendido como mais de um código sendo executado alternadamente por um núcleo, de forma a parecer que estão sendo executados ao mesmo tempo.

Problema 1.3 -

```
void setup() {
  xTaskCreate(task1,"task1",9000,NULL,2,NULL);
  delay(500);
  xTaskCreate(task2,"task2",4092,NULL,1,NULL);
  delay(500);
}

void loop() {

}
```

```
void task1(void *parameter){
  while(true){
    //inserir codigo aqui
    vTaskDelay( 100/portTICK_PERIOD_MS );
  }
}
void task2(void *parameter){
  while(true){
    //inserir codigo aqui
    vTaskDelay( 100/portTICK_PERIOD_MS );
  }
}
```

Problema 1.4 - O escalonador de tarefas tem a função de gerenciar o núcleo para executar as tarefas, permitindo que cada uma delas seja executada em tempo real.

Problema 1.5 - O ambiente multitarefas permite uma melhor performance, organizando o algoritmo em tarefas separadas. Já na monotarefa, é necessário criar um algoritmo mais complexo que permita a execução de mais de um objetivo, exigindo uma habilidade maior de programação.

Problema 1.6 - O principal problema consiste em gerenciar tal recurso, uma vez que este é requisitado por mais de uma tarefa. A forma de resolver esse problema dá-se por meio de semáforos, que permitem o acesso ao recurso por apenas uma tarefa por vez.

Problema 1.7 - Programação paralela pode ser entendida como a execução de determinado processo por meio da divisão de tarefas em núcleos de processamento que compartilham os mesmos recursos computacionais.

Problema 1.8 - No *sketch* gravado em plataforma de 8 bits, o valor impresso será 65535 ($2^{16}-1$), ao passo que numa plataforma de 32 bits, o valor será de 4294967295 ($2^{32}-1$). A diferença dá-se em razão das variáveis com e sem sinal, além de que variáveis do tipo *int* são de 16 bits em microcontroladores de 8 bits, ao passo que são 32 bits em microcontroladores de 32 bits.

Problema 1.9 -

```
void task1(void *p){
  while(1){
    //Escreva o codigo aqui
    vTaskDelay( 500/portTICK_PERIOD_MS );
  }
}
```

15.2. Respostas do Capítulo 3

Problemas do Capítulo 3.

Problema 3.1 -

```
#define BOT1 3
#define BOT2 23
#define LED1 2
#define LED2 4

portMUX_TYPE mux = portMUX_INITIALIZER_UNLOCKED;
void setup() {
  xTaskCreate(T_Botao1,"T_Botao1",1000,
  NULL,3,NULL);
  delay(500);
  xTaskCreate(T_Botao2,"T_Botao2",1000,
  NULL,2,NULL);
  delay(500);
  xTaskCreate(T_LED1,"T_LED1",1000,
  NULL,1,NULL);
  delay(500);
  xTaskCreate(T_LED2,"T_LED2",1000,
  NULL,1,NULL);
  delay(500);
  Serial.begin(115200);
  disableCore0WDT();
  disableCore1WDT();
}
void loop() {

}
```

```
void T_Botao1(void * p){
  pinMode(BOT1,INPUT_PULLUP);
  while(1){
    if(digitalRead(BOT1)==LOW){
      portENTER_CRITICAL_ISR(&mux); //bloqueia o acesso
      Serial.println("Impresso botao 1");
      portEXIT_CRITICAL_ISR(&mux); //libera o acesso
    }
    delay(100);
  }
}
void T_Botao2(void * p){
  pinMode(BOT2,INPUT_PULLUP);
  while(1){
    if(digitalRead(BOT2)==LOW){
      portENTER_CRITICAL_ISR(&mux); //bloqueia o acesso
      Serial.println("Impresso botao 2");
      portEXIT_CRITICAL_ISR(&mux); //libera o acesso
    }
    delay(100);
  }
}
void T_LED1(void * p){
  bool b = false;
  pinMode(LED1,OUTPUT);
  while(1){
    b = !b;
    digitalWrite(LED1,b);
    delay(1000);
  }
}
void T_LED2(void * p){
  bool b = false;
  pinMode(LED2,OUTPUT);
  while(1){
    b = !b;
    digitalWrite(LED2,b);
    delay(300);
  }
}
```

Problema 3.2 - Os pinos do ESP32 têm pelo menos as seguintes funções: entrada e saída digitais, entradas analógicas, saídas PWM, saídas analógicas, UARTs, I2C, SPI, *touch*.

Problema 3.3 -

```
#define LED 2
uint32_t tempo = 1000;
void loop() {
}
void setup() {
  xTaskCreate(T_LeiaSerial, "T_LeiaSerial",1000,
  NULL,3,NULL);
  delay(500);
  xTaskCreate(T_LeiaAD, "T_LeiaAD",1000,
  NULL,2,NULL);
  delay(500);
  xTaskCreate(T_LED,"T_LED",1000,
  NULL,1,NULL);
  delay(500);
  Serial.begin(115200);
  disableCore0WDT();
  disableCore1WDT();
}
void T_LeiaSerial(void * p){
  while(1){
    if(Serial.available()>0){
      byte x = Serial.read();
      if(x=='a'){
        if(tempo>200){
          tempo-=200;
        }
      }
      if(x=='s'){
        tempo+=200;
      }
    }
    delay(100);
  }
}
void T_LED(void * p){
  bool b = false;
  pinMode(LED,OUTPUT);
  while(1){
    b = !b;
    digitalWrite(LED,b);
    delay(tempo);
  }
}
```

```
void T_LeiaAD(void * p){
  while(1){
    uint16_t x = analogRead(36);
    Serial.println(x);
    delay(1000);
  }
}
```

15.3. Respostas do Capítulo 4

Problemas do Capítulo 4.

Problema 4.1 - O sensor utilizado foi o mostrado na Figura 4.2.

```
#define PINO 15 //Pino de entrada do sensor
portMUX_TYPE mux = portMUX_INITIALIZER_UNLOCKED;
volatile uint32_t cont = 0;
void contaPulsos();
void setup() {
  pinMode(PINO,INPUT_PULLUP);
  attachInterrupt(digitalPinToInterrupt(PINO),
  contaPulsos,FALLING) ;
  Serial.begin(115200);
  disableCore0WDT();
  disableCore1WDT();
}
void loop() {
  uint32_t x;
  portENTER_CRITICAL_ISR(&mux);
  x = cont;
  portEXIT_CRITICAL_ISR(&mux) ;
  Serial.println("Quantidade de pulsos: "+String(x));
  delay(1000);
}
void IRAM_ATTR contaPulsos(){
  portENTER_CRITICAL_ISR(&mux);
  cont++;
  portEXIT_CRITICAL_ISR(&mux);
}
```

Problema 4.2 -

```
#define LED 2
#define TEMPO_us 60000000
bool estadoLED = false;
void setup() {
  Serial.begin(115200);
  pinMode(LED,OUTPUT);
  pinMode(GPIO_NUM_4,INPUT_PULLDOWN);
  esp_sleep_enable_timer_wakeup(TEMPO_us);
  xTaskCreatePinnedToCore(Pisca,"Pisca",8192,
  NULL,2,NULL,0);
  delay(500);
  disableCore0WDT();
  disableCore1WDT();
}
void loop() {
  if(Serial.available()>0){
    byte x = Serial.read();
    if(x=='a'){
      Serial.println("Entrando em modo sleep");
      esp_deep_sleep_start();
    }
  }
}
void Pisca(void * ponteiro){
  while(1){
    estadoLED = !estadoLED;
    digitalWrite(LED,estadoLED);
    delay(1000);
  }
}
```

Problema 4.3 -

```
#define PINO 15  //Pino de entrada do sensor
portMUX_TYPE mux = portMUX_INITIALIZER_UNLOCKED;
volatile uint32_t cont = 0;
uint32_t ini_cont,last_cont;
float vazao;
void contaPulsos();
uint32_t ti,tf;
```

```
void setup(){
  pinMode(PINO,INPUT_PULLUP);
  attachInterrupt(digitalPinToInterrupt(PINO),
  contaPulsos,FALLING) ;
  Serial.begin(115200);
}
void loop(){
  ini_cont = last_cont;
  ti = tf;
  portENTER_CRITICAL_ISR(&mux);
  last_cont = cont;
  portEXIT_CRITICAL_ISR(&mux) ;
  tf = micros();
  vazao = 1000000*(last_cont - ini_cont)/(tf-ti);
  Serial.println("Pulsos: "+String(last_cont)+
  "; Pulsos por segundo: "+String(vazao));
  delay(1000);
}
void IRAM_ATTR contaPulsos(){
  portENTER_CRITICAL_ISR(&mux);
  cont++;
  portEXIT_CRITICAL_ISR(&mux) ;
}
```

Problema 4.4 - Após gravar o programa, aperte o botão do pino 15 para iniciar os valores da EEPROM.

```
#include <EEPROM.h>
#define PIN_ZERA_MEMO 15
#define PIN_CONT 4
typedef struct{
  uint32_t contagem;
  uint32_t multiplica;
  byte caractere;
}Testrutura;
uint16_t tamanho;
Testrutura estrutura;
```

```
void setup() {
  tamanho = sizeof(estrutura);
  EEPROM.begin(tamanho);
  Serial.begin(115200);
  pinMode(PIN_ZERA_MEMO,INPUT_PULLUP);
  pinMode(PIN_CONT,INPUT_PULLUP);
}
void loop() {
  if(digitalRead(PIN_ZERA_MEMO)==LOW){
    estrutura.contagem = 0;
    estrutura.multiplica = 1;
    estrutura.caractere = 'A';
    EEPROM.put(0x00, estrutura);
    EEPROM.commit();
    Serial.println("Limpando memoria EEPROM");
    Serial.println("contagem: "+
    String(estrutura.contagem));
    Serial.println("multiplica: "+
    String(estrutura.multiplica));
    Serial.println("caractere: ");
    Serial.write(estrutura.caractere);
    Serial.println(" ");
    delay(1000);
  }
  if(digitalRead(PIN_CONT)==LOW){
    EEPROM.get(0x00,estrutura);
    estrutura.contagem+=2;
    estrutura.multiplica*=2;
    estrutura.caractere++;
    EEPROM.put(0x00, estrutura);
    EEPROM.commit();
    Serial.println("contagem: "+
    String(estrutura.contagem));
    Serial.println("multiplica: "+
    String(estrutura.multiplica));
    Serial.println("caractere: ");
    Serial.write(estrutura.caractere);
    Serial.println(" ");
    delay(1000);
  }
}
```

15.4. Respostas do Capítulo 5

Problemas do Capítulo 5.

Problema 5.1 - O ESP32 LoRa tem basicamente as mesmas funções do ESP32, com o adicional do transceptor LoRa, que permite a comunicação com outros dispositivos a distâncias da ordem de quilômetros. Outra funcionalidade é com relação ao seu display OLED, que permite a visualização de dados num espaço compacto. Em contrapartida, o ESP32 LoRa perde algumas de suas funcionalidades em decorrência do uso de seus pinos no rádio e no display.

Problema 5.2 -

```
#include "SSD1306.h"
#define PIN_OLED_RESET 16
SSD1306 display(0x3c, 4, 15);
void setup() {
  pinMode(PIN_OLED_RESET,OUTPUT);
  digitalWrite(PIN_OLED_RESET, LOW);
  delay(50);
  digitalWrite(PIN_OLED_RESET, HIGH);
  display.init();
  display.flipScreenVertically();
  display.setFont(ArialMT_Plain_16);
  display.clear(); //Limpa a tela
  display.drawString(0, 0, "Iniciando...");
  display.display();
  delay(2000);
}
void loop() {
  uint16_t ad = analogRead(36);
  uint8_t x = 100*ad/4096; //valor percentual 0 a 100
  display.clear();
  display.setTextAlignment(TEXT_ALIGN_LEFT);
  display.setFont(ArialMT_Plain_16);
  display.drawString(0, 0, "Valor AD: "+String(ad));
  display.drawProgressBar(0,45,127,15,x);
  //PosX,PosY,comprimento,largura,Porcentagem
  display.display();
  delay(1000);
}
```

Problema 5.3 - Esta questão apresenta a mesma funcionalidade da questão anterior, mas com o *loop* livre para executar alguma tarefa que pode ser implementada.

```
#include "SSD1306.h"
#define PIN_OLED_RESET 16
SSD1306 display(0x3c, 4, 15);
void setup() {
  xTaskCreatePinnedToCore(Task_OLED,
  "Task_OLED",2048,NULL,5,NULL,0);
  delay(500);
  disableCore0WDT();
  disableCore1WDT();
}
void loop() {
}

void Task_OLED(void *p){
  pinMode(PIN_OLED_RESET,OUTPUT);
  digitalWrite(PIN_OLED_RESET, LOW);
  delay(50);
  digitalWrite(PIN_OLED_RESET, HIGH);
  display.init();
  display.flipScreenVertically();
  display.setFont(ArialMT_Plain_16);
  display.clear(); //Limpa a tela
  display.drawString(0, 0, "Iniciando...");
  display.display();
  delay(2000);
  while(1){
    uint16_t ad = analogRead(36);
    uint8_t x = 100*ad/4096;
    display.clear();
    display.setTextAlignment(TEXT_ALIGN_LEFT);
    display.setFont(ArialMT_Plain_16);
    display.drawString(0, 0, "Valor AD: "+String(ad));
    display.drawProgressBar(0,45,127,15,x);
    //PosX,PosY,comprimento,largura,Porcentagem
    display.display();
    delay(1000);
  }
}
```

Problema 5.4 -

Transmissor

```
#include <SPI.h>
#include <LoRa.h>
#include "SSD1306.h"

#define PIN_OLED_RESET 16
#define SCK     5    // GPIO5  -- SX127x's SCK
#define MISO    19   // GPIO19 -- SX127x's MISO
#define MOSI    27   // GPIO27 -- SX127x's MOSI
#define SS      18   // GPIO18 -- SX127x's CS
#define RST     14   // GPIO14 -- SX127x's RESET
#define DI00    26   // GPIO26 -- SX127x's IRQ
#define FREQUENCIA_HZ 915E6

byte caractere = 0xFF;
SSD1306 display(0x3c, 4, 15);

void setup() {
  Serial.begin(115200);
  xTaskCreatePinnedToCore(Task_OLED,
  "Task_OLED",2048,NULL,5,NULL,0);
  delay(500);
  xTaskCreatePinnedToCore(Task_LoRa,
  "Task_LoRa",2048,NULL,5,NULL,1);
  delay(500);
  disableCore0WDT();
  disableCore1WDT();
}

void loop() {

}

void transmitLoRa(byte dado){
  LoRa.beginPacket();
  LoRa.write(dado);
  LoRa.endPacket();
}
```

```
void Task_OLED(void *p){
  pinMode(PIN_OLED_RESET,OUTPUT);
  digitalWrite(PIN_OLED_RESET, LOW);
  delay(50);
  digitalWrite(PIN_OLED_RESET, HIGH);
  display.init();
  display.flipScreenVertically();
  display.setFont(ArialMT_Plain_16);
  display.setTextAlignment(TEXT_ALIGN_LEFT);
  while(1){
    if(caractere!=0xFF){
      display.clear();
      display.drawString(0, 0,
      String(char(caractere)));
      display.display();
      caractere = 0xFF;
      delay(1000);
    }else{
      display.clear();
      display.drawString(0, 0,
      "Problema 5.4 - Tx");
      display.display();
    }
    delay(500);
  }
}
void Task_LoRa(void *p){
  SPI.begin(SCK,MISO,MOSI,SS);
  LoRa.setPins(SS,RST,DI00);
  if (!LoRa.begin(FREQUENCIA_HZ)) {
    Serial.println("Falha de LoRa!");
    ESP.restart();
  }
  LoRa.enableCrc();
  while(1){
    while(Serial.available()>0){
      byte x = (byte)Serial.read();
      if((x!=13)&(x!=10)){
        transmitLoRa(x);
            delay(100);
        transmitLoRa(x); //enviado 2x
        caractere = x;
      }
    }
    delay(200);
  }
}
```

Receptor

```
#include <SPI.h>
#include <LoRa.h>
#include "SSD1306.h"

#define PIN_OLED_RESET 16
#define SCK     5    // GPIO5  -- SX127x's SCK
#define MISO    19   // GPIO19 -- SX127x's MISO
#define MOSI    27   // GPIO27 -- SX127x's MOSI
#define SS      18   // GPIO18 -- SX127x's CS
#define RST     14   // GPIO14 -- SX127x's RESET
#define DIO0    26   // GPIO26 -- SX127x's IRQ
#define FREQUENCIA_HZ 915E6
#define LED 25

byte caractere = 0xFF;

SSD1306 display(0x3c, 4, 15);

String rssi = "RSSI --";

void setup() {
  Serial.begin(115200);
  xTaskCreatePinnedToCore(Task_OLED,
  "Task_OLED",2048,NULL,5,NULL,1);
  delay(500);
  xTaskCreatePinnedToCore(Task_LoRa,
  "Task_LoRa",2048,NULL,5,NULL,0);
  delay(500);
  pinMode(LED,OUTPUT);
  disableCore0WDT();
  disableCore1WDT();
}

void loop() {

}
```

```
void Task_LoRa(void *p){
  SPI.begin(SCK,MISO,MOSI,SS);
  LoRa.setPins(SS,RST,DI00);
  if (!LoRa.begin(FREQUENCIA_HZ)) {
    Serial.println("Falha de LoRa!");
    ESP.restart();
  }
  LoRa.enableCrc();
  while(1){
    int tam = LoRa.parsePacket();
    rssi = LoRa.packetRssi();
    for (int i = 0; i < tam; i++) {
      caractere = (byte)LoRa.read();
      Serial.write(caractere);
      switch(caractere){
        case 'a':
        digitalWrite(LED,1);
        break;
        case 'b':
        digitalWrite(LED,0);
        break;
      }
    }
    delay(100);
  }
}
```

```
void Task_OLED(void *p){
  pinMode(PIN_OLED_RESET,OUTPUT);
  digitalWrite(PIN_OLED_RESET, LOW);
  delay(50);
  digitalWrite(PIN_OLED_RESET, HIGH);
  display.init();
  display.flipScreenVertically();
  display.setFont(ArialMT_Plain_16);
  display.setTextAlignment(TEXT_ALIGN_LEFT);
  while(1){
    if(caractere!=0xFF){
      display.clear();
      display.drawString(0, 30, "Caractere "+
      String(char(caractere)));
      display.setTextAlignment(TEXT_ALIGN_LEFT);
      display.drawString(0, 0, "RSSI = "+
      String(rssi));
      display.display();
      caractere = 0xFF;
      delay(1000);
    }else{
      display.clear();
      display.drawString(0, 0, "Capitulo 5 - Rx");
      display.display();
    }
    delay(500);
  }
}
```

Problema 5.5 - Esta questão tenta ajudar na compreensão de como pode ser usado um protocolo de transmissão que utiliza um cabeçalho, e a informação útil. Neste caso, o cabeçalho informa o dispositivo de origem, o tipo de informação (número do botão ou do canal analógico) e o valor. Também foi acrescentado um tópico visto no Capítulo 7 do livro **Fundamentos de projetos eletrônicos envolvendo o Arduino**, que trata dos filtros digitais. Neste caso, embora o dado seja inteiro, mostramos como utilizar uma biblioteca que foi disponibilizada na internet. Por último, inserimos o *mutex*, para que não haja conflitos nos recursos compartilhados, que são as variáveis de leitura dos dados. Note que não há controle do fluxo de dados entre os transmissores, ou seja, dois ou mais transmissores podem enviar dados no mesmo instante, podendo-se perder as informações. Para este exemplo, o ideal seria a utilização de apenas 1 dispositivo transmissor. Os OLEDs não foram utilizados.

Transmissores

```
#include <protocoloLoRaCRB.h>
#include <filtrosDigitaisCRB.h>
FPB sensor1,sensor2;
#define DEVICE 'b'//Mudar aqui para inserir outro Tx
#define LED 25
#define CANAL_AD1 36
#define CANAL_AD2 39
#define BOTAO1 4
#define BOTAO2 15
#define ADDRESS_AD1 1  //endereco para AD 1
#define ADDRESS_AD2 2  //endereco para AD 2
#define ADDRESS_BT1 11 //endereco para Botao 1
#define ADDRESS_BT2 12 //endereco para Botao 2
float FREQUENCIA_HZ = 915E6;
protocoloLoRa lora;
uint8_t valorBT1;
uint8_t valorBT2;
uint16_t valorAD1;
uint16_t valorAD2;
portMUX_TYPE mux = portMUX_INITIALIZER_UNLOCKED;
void setup() {
  lora.begin(FREQUENCIA_HZ);
  pinMode(BOTAO1,INPUT);
  pinMode(BOTAO2,INPUT);
  xTaskCreatePinnedToCore(Task_Leitura,"Leitura",
  4096,NULL,5,NULL,0);
  delay(500);
}
void Task_Leitura(void *p){
  uint16_t _valorAD1, _valorAD2;
  uint8_t _valorBT1,_valorBT2;
  while(1){
    _valorAD1 = sensor1.update(analogRead(CANAL_AD1));
    _valorAD2 = sensor2.update(analogRead(CANAL_AD2));
    _valorBT1 = digitalRead(BOTAO1);
    _valorBT2 = digitalRead(BOTAO2);
    portENTER_CRITICAL_ISR(&mux);
    valorAD1 = _valorAD1;
    valorAD2 = _valorAD2;
    valorBT1 = _valorBT1;
    valorBT2 = _valorBT2;
    portEXIT_CRITICAL_ISR(&mux);
    vTaskDelay(500/portTICK_PERIOD_MS);
  }
}
```

```
void loop() {
  uint16_t _valorAD1, _valorAD2;
  uint8_t _valorBT1,_valorBT2;
  portENTER_CRITICAL_ISR(&mux);
  _valorAD1 = valorAD1;
  _valorAD2 = valorAD2;
  _valorBT1 = valorBT1;
  _valorBT2 = valorBT2;
  portEXIT_CRITICAL_ISR(&mux);
  lora.transmit(DEVICE, ADDRESS_AD1,_valorAD1);
  delay(10000);
  lora.transmit(DEVICE, ADDRESS_AD2,_valorAD2);
  delay(10000);
  lora.transmit(DEVICE, ADDRESS_BT1,_valorBT1);
  delay(10000);
  lora.transmit(DEVICE, ADDRESS_BT2,_valorBT2);
  delay(10000);
}
```

Receptor

```
#include <protocoloLoRaCRB.h>
float FREQUENCIA_HZ = 915E6;

protocoloLoRa lora;

void setup() {
  Serial.begin(115200);
  xTaskCreatePinnedToCore(Task_LoRaRx, "LoRaRx",
  4096,NULL,5,NULL,0);
  delay(500);
}

void loop() {

}
```

```
void Task_LoRaRx(void *p){
  lora.begin(FREQUENCIA_HZ);
  byte disp;
  byte endereco;
  uint16_t dado;
  while(1){
    lora.read();
    if(lora.isReady()){
      disp = lora.device;
      endereco = lora.address;
      dado = lora.data;
      Serial.println("Dispositivo: "+String(char(disp)));
      if(endereco == 1){
        Serial.println("Conversor AD 1: "+String(dado));
      }
      if(endereco == 2){
        Serial.println("Conversor AD 2: "+String(dado));
      }
      if(endereco == 11){
        Serial.println("Botao 1: "+String(dado));
      }
      if(endereco == 12){
        Serial.println("Botao 2: "+String(dado));
      }

    }
    vTaskDelay(100/portTICK_PERIOD_MS);
  }
}
```

15.5. Respostas do Capítulo 9

Problemas do Capítulo 9.

Problema 9.1 - São transmitidos dados do conversor AD do GPIO 36 dos dois ESP32 escravos. Foi criada uma estrutura em que as informações enviadas são: um *byte* para o endereço e um *uint16_t* para o valor de temperatura.

Escravo

```
#include <esp_now.h>
#include <WiFi.h>
typedef struct{
  byte address;
  uint16_t temperatura;
}Tsensor;
Tsensor sensor;
void setup() {
  Serial.begin(115200);
  modeStation();
  InitESPNow();
  esp_now_register_recv_cb(onDataRecv);
}
void loop() {
}
void onDataRecv(const uint8_t *mac_addr,
const uint8_t *value, int len) {
  Tsensor Data;
  memcpy(&Data, value, sizeof(Data));
  Serial.println("Placa "+String(char(Data.address))+
  " | Temperatura: "+Data.temperatura);
}
void modeStation(){
  WiFi.mode(WIFI_STA);
  Serial.print("MAC do dispositivo: ");
  Serial.println(WiFi.macAddress());
}
void InitESPNow() {
  if (esp_now_init() == ESP_OK) {
    Serial.println("ESPNow iniciado com sucesso!");
  }else{
    Serial.println("Falha de start do ESPNow!");
    ESP.restart();
  }
}
```

Mestres

```
#include <esp_now.h>
#include <WiFi.h>
#define AD0 36
typedef struct{
  byte address;
  uint16_t temperatura;
}Tsensor;
Tsensor sensor;
esp_now_peer_info_t peer;
uint8_t peerMacAddress[6] = {0xA4,0xCF,0x12,
  0x75,0xA9,0x88}; //MAC do Rx
void setup() {
  Serial.begin(115200);
  modeStation();
  InitESPNow();
  addPeer(peerMacAddress);
  esp_now_register_send_cb(ESPNOWenvia);
  sensor.address = 'A'; //Mudar aqui no outro escravo
}
void loop() {
  sensor.temperatura = analogRead(AD0);
  Serial.println("Temp: "+String(sensor.temperatura));
  esp_now_send(peerMacAddress,
  (uint8_t*) &sensor, sizeof(sensor));
  delay(20000);
}
void ESPNOWenvia(const uint8_t *mac_addr,
esp_now_send_status_t status) {
  Serial.println(status == ESP_NOW_SEND_SUCCESS ?
  "Pacote enviado com Sucesso" : "Falha de envio");
}
void modeStation(){
  WiFi.mode(WIFI_STA);
  Serial.print("Endereco MAC: ");
  Serial.println(WiFi.macAddress());
}
void InitESPNow() {
  if (esp_now_init() == ESP_OK) {
    Serial.println("ESPNow iniciado com sucesso!");
  }else{
    Serial.println("Falha de start do ESPNow");
    ESP.restart();
  }
}
```

```
void addPeer(uint8_t *peerMacAddress){
  peer.encrypt = 0;
  memcpy(peer.peer_addr, peerMacAddress, 6);
  esp_now_add_peer(&peer);
}
```

15.6. Respostas do Capítulo 10

Problemas do Capítulo 10.

Problema 10.1 - O *scketch* pode ser visto a seguir.

```
#include <SSD1306.h>

SSD1306 display(0x3c, 21, 22);

void setup(){
  display.init();
  display.flipScreenVertically();
  display.setTextAlignment(TEXT_ALIGN_LEFT);
  display.clear();
  display.setFont(ArialMT_Plain_10);
  display.drawString(1,1,"Hello world");
  display.setFont(ArialMT_Plain_16);
  display.drawString(1,18,"Hello world");
  display.setFont(ArialMT_Plain_24);
  display.drawString(1,40,"Hello world");
  display.display();
  delay(2000);
}
void loop(){
  delay(500);
}
```

15.7. Respostas do Capítulo 11

Problemas do Capítulo 11.

Problema 11.1 - Este procedimento foi detalhado durante o capítulo.

15.8. Respostas do Capítulo 13

Problemas do Capítulo 13.

Problema 13.1 - O *sketch* pode ser visto a seguir. Além do código mostrado, é necessária a biblioteca **cafe.h**, que pode ser retirada ou substituída por outra de sua escolha. Adicionalmente, devem ser incluídas as funções: **des_LEDret**, **des_LED**, **des_IMU**, **des_arcoD** e **des_arcoE**.

```
#include <esp_now.h>
#include <WiFi.h>
#include "cafe.h"
#include <SSD1306.h>
esp_now_peer_info_t peer;
uint8_t enderecoMAC[6] = {0x24,0x6F,0x28,0x15,0x91,0x0C};
SSD1306 display(0x3c, 21, 22);

typedef struct{
  uint16_t mEsq;
  uint16_t mDir;
  uint8_t sentEsq;
  uint8_t sentDir;
}TdadoMestre;

typedef struct{
  double angVert;
  double angHor;
  double giroZ;
}TdadoEscravo;

TdadoMestre dadoCon;
TdadoEscravo dadoEsc;

portMUX_TYPE muxCon = portMUX_INITIALIZER_UNLOCKED;
portMUX_TYPE muxEsc = portMUX_INITIALIZER_UNLOCKED;
```

```
void setup() {
  Serial.begin(115200);
  modeStation();
  InitESPNow();
  addPeer(enderecoMAC);
  esp_now_register_recv_cb(ESPNOWrecebe);
  esp_now_register_send_cb(ESPNOWenvia);
  xTaskCreatePinnedToCore(Task_OLED, "Task_OLED",
  2048,NULL,3,NULL,1);
  delay(500);
  xTaskCreatePinnedToCore(Task_envia, "Task_envia",
  10000,NULL,1,NULL,0);
  delay(500);
}
void loop() {

}
void ESPNOWrecebe(const uint8_t *mac_addr,
const uint8_t *rxdata, int len) {
  portENTER_CRITICAL_ISR(&muxEsc);
  memcpy(&dadoEsc, rxdata, sizeof(dadoEsc));
  uint16_t angVert = dadoEsc.angVert;
  uint16_t angHor = dadoEsc.angHor;
  uint16_t giroZ = dadoEsc.giroZ;
  portEXIT_CRITICAL_ISR(&muxEsc);
  Serial.println("Recebido ");
  Serial.println(angVert);
  Serial.println(angHor);
  Serial.println(giroZ);
}
void ESPNOWenvia(const uint8_t *mac_addr,
esp_now_send_status_t status) {
  Serial.println(status==ESP_NOW_SEND_SUCCESS ?
  "Pacote enviado com sucesso" : "Falha de envio");
}
void modeStation(){
  WiFi.mode(WIFI_STA);
  Serial.print("Endereco MAC do dispositivo: ");
  Serial.println(WiFi.macAddress());
}
```

```
void InitESPNow() {
  if(esp_now_init() == ESP_OK) {
    Serial.println("ESP Now iniciado com sucesso");
  }else{
    Serial.println("ESPNow - falha de inicializacao");
    ESP.restart();
  }
}

void addPeer(uint8_t *peerMacAddress){
  peer.encrypt = 0; //criptografia : 0-sem 1-com
  memcpy(peer.peer_addr, peerMacAddress, 6);
  esp_now_add_peer(&peer);
}
void Task_OLED(void *p){
  display.init();
  display.flipScreenVertically();
  display.setTextAlignment(TEXT_ALIGN_CENTER);
  display.clear();
  display.drawXbm(36,16,cafe_width,cafe_width,cafe_bits);
  display.display();
  display.setFont(ArialMT_Plain_10);
  delay(2000);
  display.clear();
  while(1){
    display.clear();
    portENTER_CRITICAL_ISR(&muxEsc);
    int16_t vert = map((int)dadoEsc.angVert,0,4095,0,90);
    int16_t hor = map((int)dadoEsc.angHor,0,4095,0,90);
    int16_t gir = map((int)dadoEsc.giroZ,0,4095,0,360);
    portEXIT_CRITICAL_ISR(&muxEsc);
    des_IMU(63,40,23,vert,hor,gir,12);
    portENTER_CRITICAL_ISR(&muxCon);
    int16_t mDir = dadoCon.mDir;
    int16_t mEsq = dadoCon.mEsq;
    bool sentEsq = dadoCon.sentEsq;
    bool sentDir = dadoCon.sentDir;
    portEXIT_CRITICAL_ISR(&muxCon);
    des_arcoE(1,38,23,mDir,0,4095);
    des_arcoD(123,38,23,mEsq,0,4095);
    des_LEDret(32,59,10,8,sentEsq);
    des_LEDret(94,59,10,8,sentDir);
    display.display();
    delay(500);
  }
}
```

```
void Task_envia(void *p){
  pinMode(4,INPUT_PULLUP);
  pinMode(15,INPUT_PULLUP);
  while(1){
    int16_t mEsq = analogRead(34);
    int16_t mDir = analogRead(35);
    bool sentEsq = digitalRead(15);
    bool sentDir = digitalRead(4);
    portENTER_CRITICAL_ISR(&muxCon);
    dadoCon.mEsq = mEsq;
    dadoCon.mDir = mDir;
    dadoCon.sentEsq = sentEsq;
    dadoCon.sentDir = sentDir;
    esp_now_send(enderecoMAC,(uint8_t *) &dadoCon,
    sizeof(dadoCon));
    portEXIT_CRITICAL_ISR(&muxCon);
    delay(5000);
  }
}
```

Referências

1. Arduino Home. Disponível em **www.arduino.cc**. Acesso em 20 de setembro de 2020.

2. Bertoleti, Pedro. **Projetos com ESP32 e LoRa**. 2019.

3. ESP-NOW Guide. Version 1.0, 2016. Acessado em 27/9/2020.

4. Fernando K. Tecnologia.**www.fernandok.com**

5. Mizrahi, Victorine Viviane. **Treinamento em Linguagem C**. Editora Pearson, 2008.

6. Monk, Simon. **Projetos com Arduino e Android**. Editora Bookman, 2014.

7. Monk, Simon. **Programação com Arduino II - Passos avançados com Sketches**. Editora Bookman, 2015.

8. Oliveira, André Schneider de. **Sistemas Embarcados: hardware e o firmware na prática**. Editora Érica, 2010.

9. Random Nerds Tutorials. **www.randomnerdstutorials.com**

10. Santos, Carlos Renato Borges dos. **Fundamentos de projetos eletrônicos envolvendo o Arduino - Teoria Digital**. Editora Ciência Moderna, 2021. ISBN 978-65-5842-030-9.

11. **The Free RTOS Reference Manual**. API functions and Configuration Options. 2017. Amazon.com

12. Tocci, R. J., Widner, N. S., & Moss, G. L. (2000). **Sistemas Digitais: princípios e aplicações**. Editora Pearson, 2011.

Impressão e acabamento
Gráfica da Editora Ciência Moderna Ltda.
Tel: (21) 2201-6662